高等职业教育机械类创新规划系列教材

精密检测实训

主　编：常昱茜　郭　国
副主编：刘安祥　杨忠悦
参　编：何盛楠　张　川
　　　　陈彦新

图书在版编目(CIP)数据

精密检测实训 / 常昱茜, 郭国主编 ; 刘安祥, 杨忠悦副主编. -- 天津 : 天津大学出版社, 2023.7（2024.2重印）

高等职业教育机械类创新规划系列教材

ISBN 978-7-5618-7364-9

Ⅰ. ①精… Ⅱ. ①常… ②郭… ③刘… ④杨… Ⅲ. ①精密测量－高等职业教育－教材 Ⅳ. ①TG806

中国版本图书馆CIP数据核字(2022)第233108号

出版发行	天津大学出版社
地　　址	天津市卫津路92号天津大学内（邮编：300072）
电　　话	发行部：022-27403647
网　　址	www.tjupress.com.cn
印　　刷	天津午阳印刷股份有限公司
经　　销	全国各地新华书店
开　　本	787mm×1092mm　1/16
印　　张	11.25
字　　数	295千
版　　次	2023年7月第1版
印　　次	2024年2月第2次
定　　价	60.00元

前　言

党的二十大报告指出，培养什么人、怎样培养人、为谁培养人是教育的根本问题。育人的根本在于立德。高职教育是职业教育的重要组成部分，编写好职业教育实训教材，是推进职普融通、产教融合、科教融汇，优化职业教育类型定位的重要抓手。在本套实训教材的编写过程中，编者坚持以党的二十大精神为引领，将“落实立德树人根本任务，培养德智体美劳全面发展的社会主义建设者和接班人”的编写宗旨贯穿始终，在教授学生掌握岗位能力和劳动技能的过程中，强化对工匠精神的培养，使学生树立爱岗敬业、精益求精，为全面建设社会主义现代化国家，最终实现中华民族伟大复兴的中国梦不断努力奋斗的远大理想信念。

本书较为详细地介绍了坐标测量机检测的工作流程及零件几何外形数字化测量，对测量系统及专用软件也做了介绍，并结合相关知识在专用软件中的实现过程和使用技巧进行了具体讲解。本书从检测技术实际应用的要求出发，紧密结合现代检测技术应用型人才素质培养的要求，基于生产过程、项目导向、任务驱动的方式，与现代产业发展同步，从而更适合专业与产业的对接，更适合服务现代产业的需要，提升对社会的融入度和贡献力，构建了相对完整的检测技术工作流程的理论及操作体系，系统性和实用性强。本书可作为高职高专院校工业检测专业、机械制造专业及相关专业精密检测技术课程的教材，回归以培养学生技术应用能力为主线的高职高专教育本位，采用活页式教材编写方式，突出强调学生学习的参与性与主动性，体现教材定位、规划、设计与编写等方面职业教育教学改革的示范性。

本书围绕海克斯康三坐标测量机以及蔡司三坐标测量机的使用流程和编程方法设计了五个项目进行实训操作，具体包括：项目 1 坐标测量机操作员岗位认知；项目 2 铣削零件的手动测量；项目 3 支撑座零件的编程测量；项目 4 轴承盖零件的手动测量；项目 5 支座零件的编程测量以及附录汽车轮罩部品检具测量。本书还提供配套的三维建模数据和微课便于学习者使用。

本书主要由天津轻工职业技术学院教师共同编写，常昱茜、郭国任主编，刘安祥、杨忠悦任副主编，何盛楠、张川、陈彦新（卡尔蔡司（上海）管理有限公司）参与编写。在本书编写过程中，编者参阅了国内外出版的有关文献，在此对相关人员表示衷心感谢！

由于编者水平有限，书中难免存在不妥之处，恳请读者批评指正。

编　者

2022 年 10 月

目　录

项目1　坐标测量机操作员岗位认知

随着工业现代化进程的推进，众多制造业（如航空、汽车、模具等）有大规模生产的需要，并要求在提高生产效率和自动化水平的基础上，实现零件的高度互换，因而对零件尺寸、位置和形状公差的要求更高，相应的计量检测手段应当高速化、通用化，传统的检验模式已不能满足现代更多复杂形状工件测量的需要，因此形成了坐标测量行业。坐标测量机（Coordinate Measuring Machine，CMM）是指在一个六面体的空间范围内，能够表现几何形状、长度及圆周分度等测量能力的仪器，俗称三坐标或三次元。

坐标测量技术是产品几何质量数字化过程控制的关键技术，属于产品几何技术规范及应用中的一个重要组成部分，在数字化制造的今天得到了越来越广泛的应用，成为产品几何质量控制系统中不可或缺的高端技术。通过学习本项目，使学生对坐标测量技术形成初步认识，具备上岗操作的基本知识和技能。

任务1　认识设备

☑ 任务内容

学习三坐标测量机的结构组成及各部分的功用。

☑ 任务目标

（1）了解三坐标测量机的结构组成。
（2）掌握三坐标测量机主要结构的功用。

☑ 任务准备

设备准备：三坐标测量机、计算机。

☑ 知识链接

1. 三坐标测量机的分类

1）按结构形式与运动关系分类

按结构形式与运动关系，三坐标测量机可分为移动桥式、固定桥式、龙门式、水平臂式等。三坐标测量机最常见的分类方法就是按结构形式分类。不论结构形式如何变化，三坐标测量机都是建立在具有三个相互垂直轴的正交坐标系基础之上。

2）按测量范围分类

按测量范围，三坐标测量机可分为小型、中型和大型三类。

3)按测量精度分类

按测量精度,三坐标测量机可分为低精度、中等精度和高精度三类。

2. 三坐标测量机的常用结构形式

坐标测量机的机械结构最初是在精密机床基础上发展起来的。例如,美国 Moore 公司的测量机就是由坐标镗到坐标磨再到坐标测量机逐步发展而来的,瑞士 SIP 公司的测量机则是在大型万能工具显微镜到光学三坐标测量仪基础上逐步发展起来的。这些测量机的结构都没有脱离精密机床及传统精密测试仪器的结构。

坐标测量机主要有直角坐标测量机(固定式测量系统)与非正交系坐标测量机(便携式测量系统)。

常用的移动桥式、固定桥式、龙门式、水平臂式四类结构都具有相互垂直的三个轴及其导轨,坐标系属于正交坐标系。框架式直角坐标测量机的空间补偿数学模型成熟,具有精度高、功能完善等优势,以下主要以此种测量机为例进行介绍。

1)移动桥式结构

移动桥式结构如图 1-1-1 所示,由工作台、桥架、滑架、Z 轴四部分组成。其中,桥架可以在工作台上沿导轨做前后向平移,滑架可以在桥架的导轨上沿水平方向移动,Z 轴可以在滑架上沿上下方向移动,测头则安装在 Z 轴下端,随着 X、Y、Z 三个方向平移接近安装在工作台上的工件表面,完成采点测量。

移动桥式结构是目前坐标测量机应用最为广泛的一种结构,这种结构简单、紧凑,开敞性好,工件装载在固定工作台上,不影响测量机的运行速度,工件质量对测量机动态性能没有影响,承载能力较大,本身具有台面,受地基影响相对较小,精度比固定桥式结构稍低。其缺点是桥架单边驱动,前后方向(Y 向)光栅尺布置在工作台一侧,Y 方向有较大的阿贝臂,会引起较大的阿贝误差。

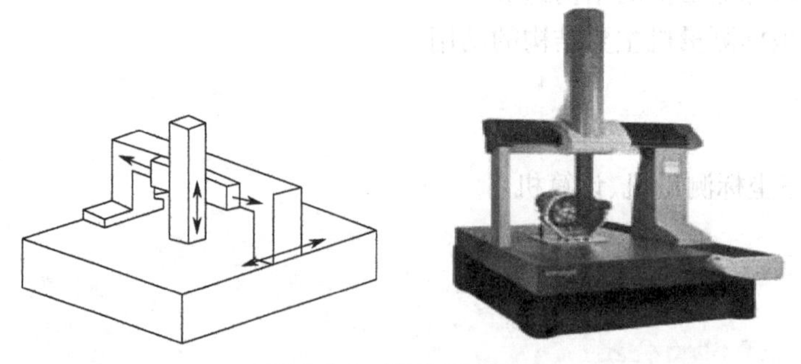

图 1-1-1 移动桥式结构

2)固定桥式结构

固定桥式结构如图 1-1-2 所示,由基坐台(含桥架)、移动工作台、滑架、Z 轴四部分组成。

固定桥式结构与移动桥式结构类似,主要的不同在于,移动桥式结构中,工作台固定不动,桥架在工作台上沿前后方向移动;而固定桥式结构中,移动工作台承担了前后移动的功能，桥架固定在机身中央不移动。

高精度测量机通常采用固定桥式结构。固定桥式测量机的优点是结构稳定，整机刚性强，中央驱动，偏摆小，光栅在工作台的中央，阿贝误差小，X、Y方向运动相互独立，相互影响小；缺点是被测量对象由于放置在移动工作台上，降低了机器运动的加速度，承载能力较小，操作空间不如移动桥式开阔。

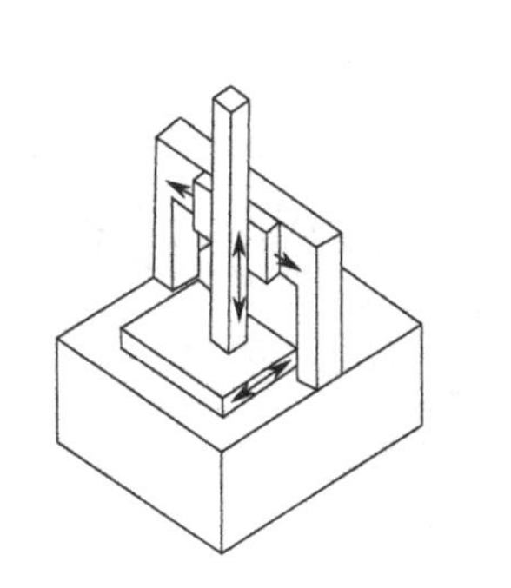
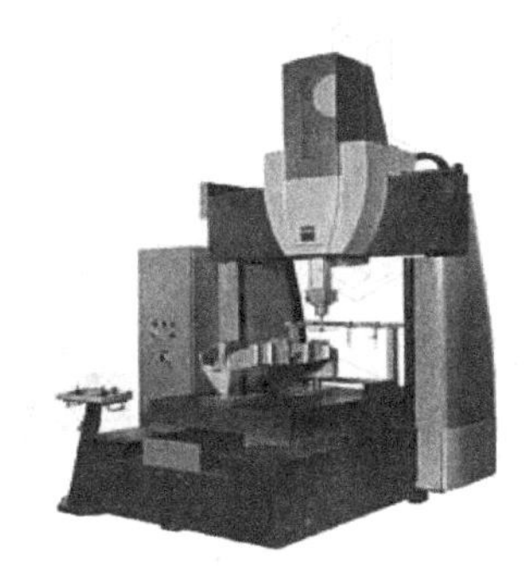

图 1-1-2　固定桥式结构

3）龙门式结构

龙门式结构如图 1-1-3 所示，由导轨、横梁、Z轴三部分组成。在前后方向有两个平行的被立柱支撑在一定高度上的导轨；导轨上架着左右方向的横梁，横梁可以沿两列导轨做前后方向的移动；而Z轴则垂直加载在横梁上，既可以沿横梁做水平方向的平移，又可以沿竖直方向上下移动；测头装载于Z轴下端，随着X、Y、Z三个方向的移动接近安装于基座或者地面上的工件，完成采点测量。

龙门式结构的刚性要比水平臂式结构的好，对大尺寸测量具有更高的精度；缺点是比移动桥式结构复杂，要求有较好的地基。

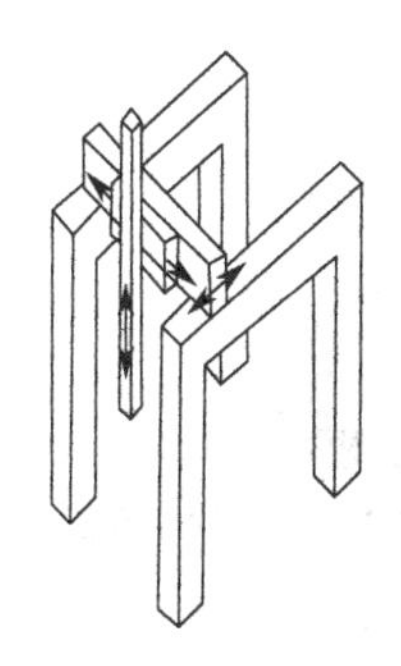

图 1-1-3　龙门式结构

4）水平臂式结构

水平臂式结构如图 1-1-4 所示，由工作台、立柱、水平悬臂三部分组成。立柱可以沿工作台导轨前后平移，立柱上的水平悬臂则可以沿上下和左右两个方向平移，测头安装于水平悬臂的末端，零位水平平行于悬臂，测头随着水平悬臂在三个方向上移动来接近安装于工作台上的工件，完成采点测量。

水平臂式结构的优点是结构简单，开敞性好，测量范围大；缺点是水平臂变形较大，悬臂的变形与臂长成正比，作用在悬臂上的载荷主要是悬臂与测头的自重，悬臂的伸出量还会引起立柱的变形。由于补偿计算比较复杂，因此水平悬臂的行程不能做得太大。在车身测量时，通常采用双机对称放置，实现双臂测量。

图 1-1-4 水平臂式结构

3. 坐标测量机的组成

坐标测量机由测量机主机、控制系统、探测系统、软件系统（计算机）四部分组成，如图 1-1-5 所示。

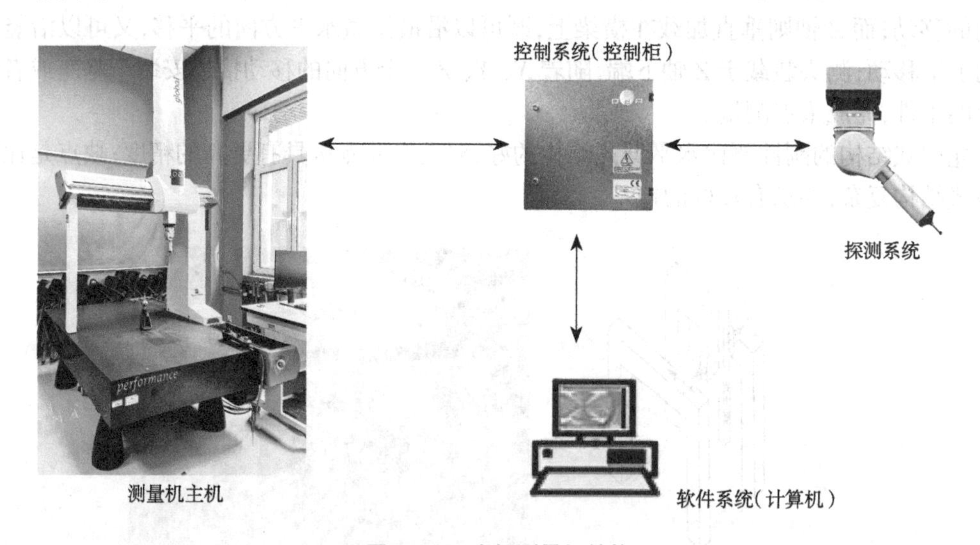

图 1-1-5 坐标测量机结构

1）测量机主机

测量机主机即测量系统的机械主体，为被测工件提供相应的测量空间，并装载探测系统（测头），按照程序要求进行测量点的采集。

测量机主机主要包括代表笛卡儿坐标系的三个轴及其相应的位移传感器和驱动装置，以及包含工作台、桥架、滑架、Z 轴等在内的机体框架。三坐标测量机主机结构如图 1-1-6 所示。

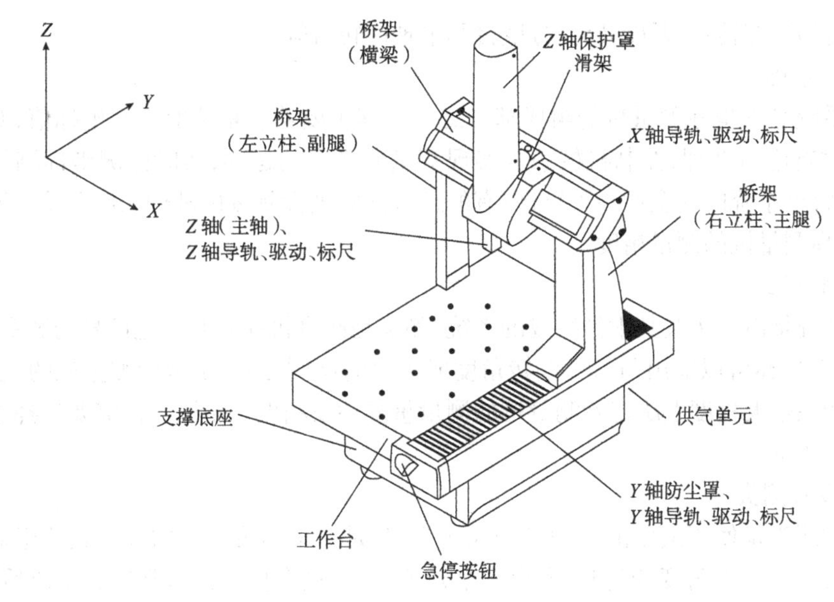

图 1-1-6　三坐标测量机主机结构

Ⅰ.框架结构

机体框架主要包括工作台、桥架（包括立柱和横梁）、滑架、Z轴及保护罩，工作台一般选择花岗岩材质，桥架和滑架一般可选择花岗岩、铝合金或陶瓷材质。

Ⅱ.标尺系统

标尺系统是测量机的重要组成部分，是决定测量精度的一个重要环节，所用的标尺有线纹尺、光栅尺、磁尺、精密丝杠、同步器、感应同步器及光波波长等。三坐标测量机一般采用测量几何量用的计量光栅中的长光栅，该类光栅一般用于线位移测量，是坐标测量机的长度基准。

Ⅲ.导轨

导轨是测量机实现三维运动的重要部件，常采用滑动导轨、滚动轴承导轨和气浮导轨，而以气浮静压导轨应用较广泛。气浮导轨由导轨体和气垫组成，有的导轨体和工作台合二为一。气浮导轨还应包括气源、稳压器、过滤器、气管、分流器等一套气动装置。

Ⅳ.驱动装置

驱动装置是测量机的重要运动机构，可实现机动和程序控制伺服运动的功能。在测量机上一般采用的驱动装置有丝杠螺母、滚动轮、光轴滚动轮、钢丝、齿形带、齿轮齿条等传动装置，并配以伺服电动机驱动。

Ⅴ.平衡部件

平衡部件主要用于Z轴框架结构中，其功能是平衡Z轴的重量，以使Z轴上下运动时无偏重干扰，使检测时Z向测力稳定。Z轴平衡装置有重锤、发条或弹簧、汽缸活塞杆等类型。

Ⅵ.转台与附件

转台是测量机的重要元件，它使测量机增加一个转动的自由度，便于某些种类零件的测量。转台包括数控转台、万能转台、分度台和单轴回转台等。

2）控制系统

控制系统是三坐标测量机的组成部分之一。其主要功能是读取空间坐标值，对测头信号进行实时响应与处理，控制机械系统实现测量所必需的运动，实时监测坐标测量机的状态，以保证整个系统的安全性与可靠性；有的还包括对坐标测量机进行几何误差与温度误差补偿，以提高测量机的测量精度。

3）探测系统

探测系统是由测头及其附件组成的系统，测头是测量机探测时发送信号的装置，它可以输出开关信号，亦可以输出与探针偏转角度成正比的比例信号，是坐标测量机的关键部件。测头精度低在很大程度上决定着测量机的测量重复性及精度。不同零件需要选择不同功能的测头进行测量。

Ⅰ. 触发式测头

触发式测头是使用最多的一种接触式测头，其是一个高灵敏度的开关式传感器。当探针与零件接触而产生角度变化时，发出一个开关信号，这个信号传送到控制系统后，控制系统对此刻的光栅计数器中的数据进行锁存，经处理后传送给测量软件，表示测量了一个点。当探针接触零件时，发出触发信号，同时测量机停止工作，误差在 1 μm 以内。触发式测头基本结构如图 1-1-7 所示。

触发式测头处于回位状态时如图 1-1-8 所示。探针接触被测物体的力通过测头内部的弹簧力平衡，此时探针产生弯曲；探针绕测头内部支点转动，造成一个或两个接点断开，在断开前测头发出触发信号；然后机器回退，测头复位。

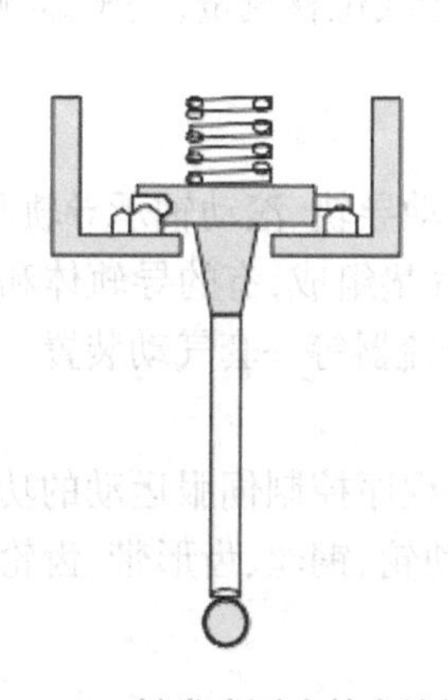

图 1-1-7 触发式测头基本结构

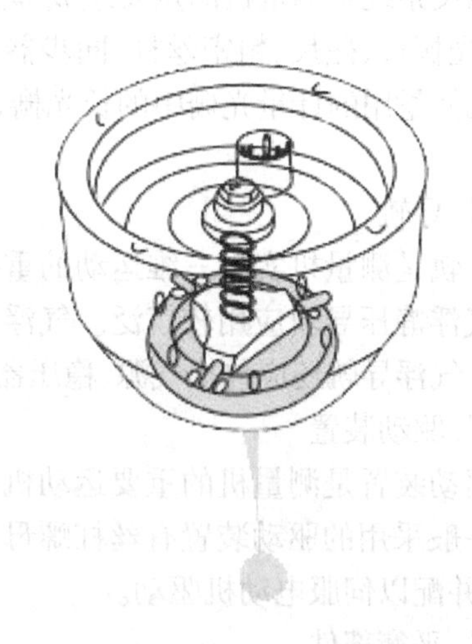

图 1-1-8 触发式测头回位状态

Ⅱ. 扫描式测头

扫描式测头本身具有三个相互垂直的距离传感器，可以获得与零件接触的程度及矢量方向，这些数据作为测量机的控制分量控制测量机的运动轨迹。扫描式测头在与零件表面接触及运动过程中定时发出采点信号，采集光栅数据，并根据设置的原则过滤粗大误差，这个过程称为“扫描”。扫描式测头也可以触发方式工作,且测量精度更高,与触发式测头工作原理不同的是其采用回退触发的方法。

两种常用测头的特点见表 1-1-1。

表 1-1-1　两种常用测头的特点

特点	接触式测头	
	触发式	扫描式
优势	(1)适用于空间箱体类工件及已知表面的测量; (2)有多种不同类型的触发测头及附件可供采用,通用性强,应用简单; (3)测点时测量机处于匀速直线低速状态,测量机的动态性能对测量精度影响较小; (4)坚固耐用; (5)采购及运行成本低	(1)适用于形状及轮廓测量; (2)具有高的采点率; (3)高密度采点可保证良好的重复性、再现性; (4)更高级的数据处理能力
劣势	测量采点率低	(1)比触发式测头复杂; (2)对离散点的测量较触发式测头慢; (3)高速扫描时由于加速度而引起的动态误差很大,不可忽略,必须加以补偿

Ⅲ. 测座

测座在坐标测量机中起到固定测头的作用。测头通过测座与坐标测量机控制系统的测头接口相连。测座主要有固定测座、手动旋转测座、万向探测系统三种。

对于小型、手动坐标测量机来说,手动可旋转的测座因无特殊电缆及电路需求而尤为合适。这些小巧、完备的测座系统使操作者较容易在进行元素测量的过程中进行测头的重新定位,操作者只需在测量过程中对所需位置的针尖数据进行一次标定,在以后的测头定位过程中不需进行重新标定,从而大大缩短了检测周期。

万向探测系统在数控测量机的配备中已接近标准配置,这缘于它的优越性能和万能性。对于复杂零件,特别是需要从不同方向触测的零件来说,采用万向探测系统是成本最低的方案。固定测座由于不能旋转,对于复杂零件的测量需要多根探针,其占用测量机空间小,没有旋转误差。

4)软件系统(计算机)

对坐标测量机的主要要求是精度高、功能强、操作方便。其中,精度主要取决于机械结构、控制系统和测头,而功能则主要取决于软件,操作方便与否也与软件有很大关系。软件系统包括安装有测量软件的计算机系统及辅助完成测量任务所需的打印机、绘图仪等外接电子设备。

测量软件的作用在于指挥测量机完成测量动作,并对测量数据进行计算和分析,最终给出测量报告。

根据软件功能,三坐标测量机的软件可分为以下几种。

(1)通用测量软件(基本测量软件):负责完成整个测量系统的管理,包括探针校正、坐标系的建立与转换、几何元素测量等基本功能。

（2）专用测量软件：针对某种具有特定用途的零部件的测量问题而开发的软件，如齿轮、转子、螺纹、凸轮、自由曲线和自由曲面等的测量都需要各自的专用测量软件。

（3）附加功能软件：为了增强测量机的功能和利用软件补偿的方法提高测量精度，三坐标测量机还提供了一些附加功能软件，如误差检测软件、误差补偿软件、激光测头驱动软件等。

测量软件具备以下功能。

（1）对控制系统进行参数设置。计算机通过“超级终端”方式，与控制系统进行通信，并实现参数设置等操作，可以使用专用测量软件对系统进行调试和检测。

（2）进行测头定义和测头校正及测针补偿。不同的测头配置和不同的测头角度，测量的坐标数值是不一样的。为了使不同测头配置和不同测头位置测量的结果都能够进行计算，要求测量软件在进行测量前必须进行测头校正，以获得测头配置和测头角度的相关信息，以便在测量时对每个测点进行测针半径补偿，并把不同测头角度测得的坐标都转换到基准测头位置上。

（3）建立零件坐标系（零件找正）。为满足测量的需要，测量软件以零件的基准建立坐标系，该坐标系称为零件坐标系。零件坐标系可以根据需要进行平移和旋转，为方便测量可以建立多个零件坐标系。

（4）对测量数据进行计算、统计和处理。测量软件可以根据需要进行各种投影、构造、计算，也可以对零件图纸要求的各项形位公差进行计算、评价，对各测量结果使用统计软件进行统计，借助各种专用测量软件可以对齿轮、曲线、曲面和复杂零件等进行扫描测量。

（5）输出测量报告。在测量软件中，操作员可以按照自己需要的格式设置模板生成测量报告并输出。

（6）传输测量数据到指定计算机。通过网络连接，计算机可以进行数据、程序的输入和输出。

☑ 任务步骤

（1）参观坐标测量机实训室，认识相关测量机设备。

（2）对照知识点巩固坐标测量机的结构组成及功用。

（3）打开计算机，连通测量机电源，进行简单的操作，熟悉测量机。

☑ 任务评价

任务						
班级		学号		姓名		日期	

项次	项目与技术要求	参考分值	实测记录	得分
1	遵守纪律、课堂互动	10		
2	辨认各类测量机	20		
3	了解三坐标测量机的结构组成	30		
4	掌握三坐标测量机各主要结构的功用	40		
总计得分				

学生任务总结：

教师点评：

任务 2　设备安全

☑ 任务内容

按照安全操作规程的要求，学习设定、检查测量机的安全工作环境以及对测量机进行基本维护保养。

☑ 任务目标

（1）了解坐标测量机对工作环境的要求。

（2）理解坐标测量机操作员工作岗位的要求。

（3）掌握坐标测量机日常维护保养的方法。

☑ 任务准备

（1）设备准备：三坐标测量机、计算机。

（2）工具准备：无水乙醇、无纺布。

☑ 知识链接

1. 坐标测量机对环境的要求

1）温度

室内温度是指机器操作时要保证测量机性能所要求的温度，除厂商特别注明外，一般来说室内环境应在（20 ± 2）℃的范围内。

机房的温度条件中还有一项要求是温度梯度。温度梯度可分为时间梯度和空间梯度。时间梯度是指在一定时间段内室内温度的变化，一般要求≤1 ℃/h，≤2 ℃/24 h。空间梯度是指在左右、上下各 1 m 距离的温度差，一般要求≤1 ℃/m。

2）湿度

相对湿度是指保证机器达到最佳性能所需的湿度范围，一般要求 25%~75%（推荐 40%~60%）。过低的湿度容易受静电的影响，过高的湿度会产生漏电或造成电器元件锈蚀，特别是会使钢制标准球锈蚀报废。

3）气源

许多坐标测量机由于使用精密的空气轴承而需要压缩空气，应当满足测量机对压缩空气的要求，防止由于水和油侵入压缩空气而对测量机产生影响，同时应防止突然断气，以免对测量机空气轴承和导轨产生损害。对气源的要求：供气压力>0.5 MPa，耗气量>150 NL/min=2.5 dm^3/s（NL 为标准升，代表在 20 ℃，1 个大气压下的 1 L），含水量<6 g/m^3，含油量<5 mg/m^3，微粒大小<40 μm，微粒浓度<10 mg/m^3，气源出口温度（20 ± 4）℃。

测量机本身带有精度较高的精密过滤器，可以滤水和滤油，但仍应设置前置过滤装置，保证压缩空气中不含有油、水和杂质。

4)振动

工业地区常遭受各种来自地面的振动,这些振动一般由压力机、锻压机、冲床等振动较大的机床、交通及提升装置等产生并传向地面。即使机器的电气和主机部件牢靠,来自外界的振动也会影响测量精度,产生错误结果。因此,对测量机来说,对地基的振动有一定的要求,测量机不适于安装在楼上。

5)电源

电源对测量机的影响主要体现在测量机的控制部分,最需要注意的是接地问题。一般配电要求:电压为交流 220(1±10%)V,电流为 15 A,独立专用接地线电阻≤4 Ω。

2. 坐标测量机安全操作规程

(1)实训时要戴好工作帽,长发要压入工作帽内,不准穿拖鞋、凉鞋,不准穿裙子、短裤进入车间。

(2)未经指导教师同意,不准擅自启动机床。

(3)每天开测量机前,应首先检查供气压力,达到要求后才能打开控制柜,三联体处压力为 0.4~0.45 MPa(1 bar≈0.1 MPa≈14.5 psi),气源的供气压力≥0.6 MPa。

(4)当三联体存水杯中油水混合物高度超过 5 mm 时,需要手动放水。机器的供气压力正常,而三联体处压力不能调到正常值时,则需要更换滤芯。

(5)测量机房的温度保持在(20±2)℃,相对湿度为 25%~75%,气源的出口温度为(20±4)℃,稳压电源的输出电压为 220(1±10%)V。

(6)每天开测量机前,应用高支纱纯棉布蘸无水乙醇清洁三轴导轨面,待导轨面干燥后才能运行机器。

(7)开测量机应先开控制柜和计算机,进入测量软件后,再按操纵盒上的伺服电键。

(8)每次开机后应先回机器零点,在回零点前,先将测头移至安全位置,保证测头复位旋转和 Z 轴向上运行时无障碍。

(9)拆装测头、测杆时,要使用随机提供的专用工具,所使用的测头需要先标定。

(10)进行旋转测头、校验测头、自动更换测头、运行程序等操作时,保证测头运行路线上无障碍。

(11)程序第一次运行时,要将速度降低至 10%~30%,并注意运行轨迹是否符合要求。

(12)搬放工件时,先将测头移至安全位置,且注意工件不能磕碰工作台面,特别是机器的导轨面。

(13)长时间不用的钢制标准球,需油封防锈。

(14)使用花岗石工作台上的镶嵌件固定工件时,扭矩不得超过 20 N·m。

(15)计算机内不要安装任何与三坐标测量机无关的软件,以保证系统可靠运行。

(16)空调应 24 h 开机,空调的检修应在秋天进行,从而保证测量机正常使用。

(17)严禁操作员在操作过程中,头部位于 Z 轴下方。

(18)开机后,首先检查 Z 轴是否有缓慢向下滑动的现象。

(19)待机和运行过程中,禁止手扶或者倚靠主腿或副腿。

(20)禁止在工作台导轨面上放置任何物品,不得用手直接接触导轨工作面。

(21)禁止自行打开外罩调试机器。

(22)测量机运行过程中,注意身体的任何部位都不能处于测量机的导轨区或运行范围内,在上、下料过程中,应按下急停按钮。

(23)对于某些量具(游标卡尺、千分尺等),使用前要校对零值,否则进行调整和修理,也可以将零值误差在测量结果中加以修正。测量前,应擦净量具的测量面和工件的被测量面,防止铁屑、毛刺、油污等带来的测量误差。

(24)要尽量减少读数误差,读数时要正视量具,要多测几个数值,再取其平均值。

(25)量具不能在工件转动或移动时进行测量。

(26)量具要经常维护,注意防锈、防磁,使用后要擦净并妥善保管。

3. 测量机日常维护保养

1)每日

(1)在完成保养步骤和纠正所有偏差之前,不要操作测量机。

(2)检查测量机中是否有松动或损坏的外罩,如果需要,要紧好每个松动的外罩,并修理好损坏的外罩。

(3)用无水乙醇和干净、不掉纤维的高支纱纯棉布清洁空气轴承导轨滑动通道的所有裸露表面。

(4)在对空气过滤器、调节阀或者供气管道进行保养前,确保接至测量机的供气装置已经关闭,并且系统气压指示为零。

(5)检查两个空气过滤器是否有污染,如果需要,要清理过滤碗或者更换过滤器元件。

(6)检查供气装置是否存在松动或损坏,如果需要,要紧固每处松动的连接,并更换损坏的管道。

2)每月

(1)检查测量机外部,查看是否有松动或损坏的组件,根据实际情况,紧固松动的组件,替换或修理损坏的组件。

(2)在对三联体过滤器实施保养前,一定要关闭供气设备。

(3)检查三联体过滤器是否积聚过多的油和水,如果发现严重污染,可能需要附加的空气过滤器和空气干燥剂来减少过滤器中积聚的污染物总量。

(4)拆除平衡支架的前罩,检查传动带和传动轮带的磨损和破裂情况,必要时替换传动带和传动轮带。

3)每季度

(1)在完成保养步骤和纠正所有偏差前,不要操作测量机。

(2)只有经过培训并通过审定的人员才能保养电气组件。

(3)在对控制系统和测量机进行保养前,一定要关闭电源。

(4)检查控制系统内是否有污染物以及松动或毁坏的布线,如果存在故障,必须对机器进行维修。

(5)拆除入口外罩,检查气动系统的管道,查看有无收缩和破裂,如果存在故障,必须对机器进行维修。

（6）执行完季度保养清单的各项维修保养后，通过运行简单的测量机精度程序（测试重复性，量块几何尺寸、线性精度等）进行功能性检查。

（7）注意在对供气系统进行保养工作前，必须关闭气源；在打开气源前，过滤器必须牢固连接。

☑ 任务步骤

（1）擦拭导轨，即用无水乙醇清洁测量机导轨，如图 1-2-1 所示。

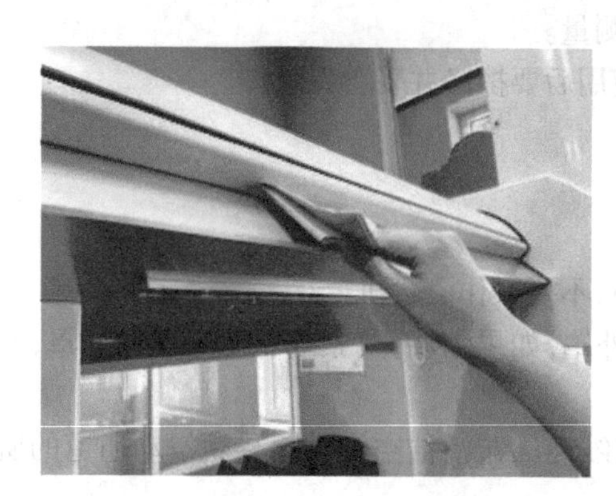

图 1-2-1 擦拭上下导轨

（2）擦拭工作台面，即用无水乙醇清洁测量机工作台面，如图 1-2-2 所示。

图 1-2-2 擦拭工作台面

（3）主气路管道放水。

（4）观察导轨是否有新增摩擦痕迹。

（5）运行机器，检查机器在运行时有无异常声响及振动。

（6）做好保养记录。

☑ 任务评价

<table>
<tr><td>任务</td><td colspan="6"></td></tr>
<tr><td>班级</td><td></td><td>学号</td><td></td><td>姓名</td><td></td><td>日期</td><td></td></tr>
<tr><td>项次</td><td colspan="3">项目与技术要求</td><td colspan="2">参考分值</td><td>实测记录</td><td>得分</td></tr>
<tr><td>1</td><td colspan="3">遵守纪律、课堂互动</td><td colspan="2">20</td><td></td><td></td></tr>
<tr><td>2</td><td colspan="3">测量机日常保养</td><td colspan="2">40</td><td></td><td></td></tr>
<tr><td>3</td><td colspan="3">了解环境对测量机的影响</td><td colspan="2">20</td><td></td><td></td></tr>
<tr><td>4</td><td colspan="3">遵守安全操作规程</td><td colspan="2">20</td><td></td><td></td></tr>
<tr><td colspan="4">总计得分</td><td colspan="4"></td></tr>
<tr><td colspan="8">学生任务总结：</td></tr>
<tr><td colspan="8">教师点评：</td></tr>
</table>

任务 3　设备操作

☑ 任务内容

学习坐标测量机的开机和关机方法。

☑ 任务目标

能够独立、正确地进行坐标测量机的开机和关机操作。

☑ 任务准备

设备准备：三坐标测量机、计算机。

☑ 知识链接

对坐标测量机的操作是通过一系列操作按钮和操作界面进行的。不同类型坐标测量机的开机过程可能各有不同，但一般都遵循先开硬件再开软件的原则。坐标测量机启动完毕后，整个测量系统包括所有的参数及机器坐标系，都处于初始状态。

1. 坐标测量机的开机操作

坐标测量机开机前应做好以下几项准备工作：

（1）检查机器的外观及机器导轨是否有障碍物；

（2）对导轨及工作台面进行清洁；

（3）检查温度、湿度、气压、配电等是否符合要求，对前置过滤器、储气罐、除水机进行放水检查。

检查确认以上条件都具备后，可进行三坐标测量机开机操作，具体开机顺序如下：

（1）打开气源，要求测量机气压高于 0.5 MPa；

（2）开启控制柜电源和计算机电源，系统进入自检状态（操纵盒所有指示灯全亮）；

（3）当操纵盒灯亮后，按开机按钮加电（急停按钮必须松开）；

（4）待系统自检完毕，启动 PC-DMIS 软件，测量机进入回机器零点过程，三轴依据设定程序依次回零点；

（5）回机器零点过程完成后，PC-DMIS 软件进入正常工作界面，测量机进入正常工作状态。

2. 坐标测量机的关机操作

（1）将 Z 轴运动到安全的位置和高度，避免造成意外碰撞。

（2）退出 PC-DMIS 软件，关闭控制系统电源和测座控制器电源。

（3）关闭计算机、不间断电源（Uninterruptible Power Supply，UPS）、除水机电源及气源

开关。

3. 坐标测量机的机器坐标系及原点介绍

测量机使用的光栅尺一般都是相对光栅，需要一个其他信号（零位信号）确定零位，所以开机时必须执行回零操作，回零后测量机三轴光栅都从零开始计数，补偿程序被激活，测量机处于正常工作状态，测量点的坐标都是相对机器零点的坐标，由机器的三个轴和零点构成的坐标系称为机器坐标系。一般测量机的原点在左、前、上方位置，左右方向为 X 轴，右方为正方向；前后方向为 Y 轴，后方为正方向；上下方向为 Z 轴，上方为正方向。

☑ 任务步骤

1. 开机操作

（1）旋转红色旋钮打开气源（气压表指针在绿色区间内为合格），如图 1-3-1 所示。

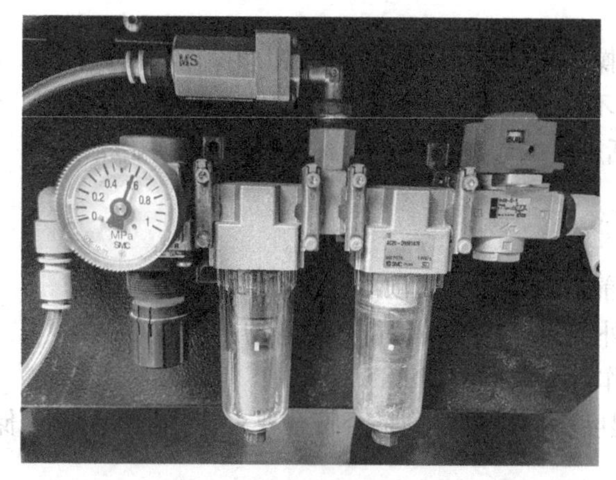

图 1-3-1 打开气源

（2）开启控制柜，如图 1-3-2 所示。开启控制柜电源开关后，系统进入自检状态（操纵盒所有指示灯全亮），计算机开启。

图 1-3-2 开启控制柜

（3）操纵盒加电，如图 1-3-3 所示。系统自检完毕（操纵盒部分指示灯灭），长按操纵盒中的加电按钮 2 s，给驱动部分加电。

图 1-3-3　操纵盒加电

（4）启动 PC-DMIS 软件，测量机进入回零过程，使用管理员权限打开软件，如图 1-3-4 所示。

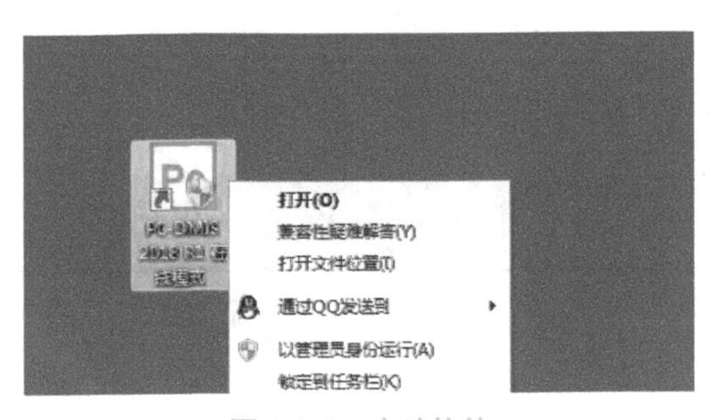

图 1-3-4　启动软件

（5）选择当前默认测头文件，如当前未配置测头，则选择“未连接测头”，如图 1-3-5 所示。

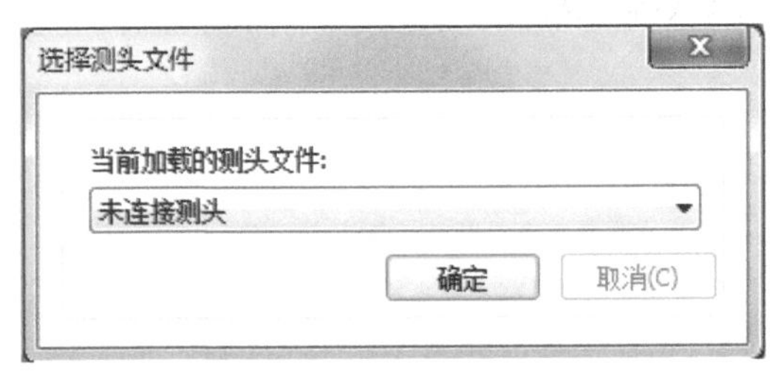

图 1-3-5　选择测头文件

（6）点击“确定”按钮，测量机自动回到零点，如图 1-3-6 所示。

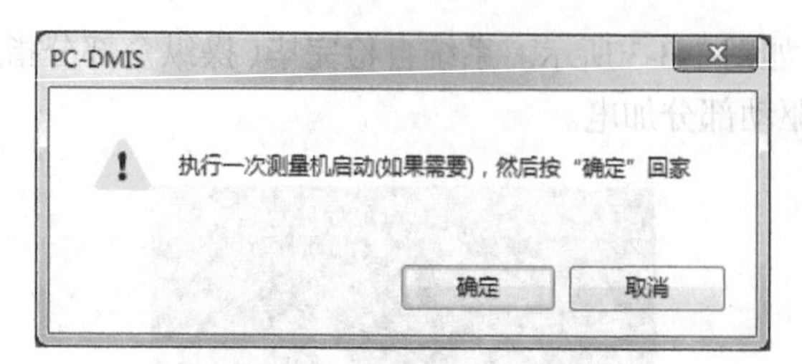

图 1-3-6 测量机回零

(7)测量机回零后,PC-DMIS 软件进入工作界面,如图 1-3-7 所示。

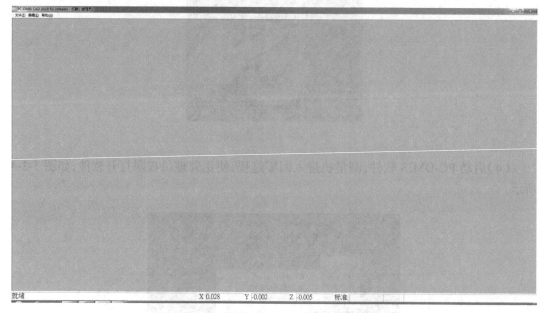

图 1-3-7 工作界面

2. 关机操作

(1)将测头移动到安全的位置和高度(避免造成意外碰撞)。
(2)退出 PC-DMIS 软件,关闭控制系统电源和测座控制器电源。
(3)关闭计算机电源及气源开关。

☑ 任务评价

<table>
<tr><td>任务</td><td colspan="6"></td></tr>
<tr><td>班级</td><td></td><td>学号</td><td></td><td>姓名</td><td></td><td>日期</td><td></td></tr>
<tr><td>项次</td><td colspan="3">项目与技术要求</td><td>参考分值</td><td colspan="2">实测记录</td><td>得分</td></tr>
<tr><td>1</td><td colspan="3">遵守纪律、课堂互动</td><td>20</td><td colspan="2"></td><td></td></tr>
<tr><td>2</td><td colspan="3">测量机日常保养</td><td>20</td><td colspan="2"></td><td></td></tr>
<tr><td>3</td><td colspan="3">测量机正确开关机</td><td>30</td><td colspan="2"></td><td></td></tr>
<tr><td>4</td><td colspan="3">解决测量机及软件操作中发生的问题</td><td>30</td><td colspan="2"></td><td></td></tr>
<tr><td colspan="4">总计得分</td><td colspan="4"></td></tr>
<tr><td colspan="8">学生任务总结：</td></tr>
<tr><td colspan="8">教师点评：</td></tr>
</table>

“6S”管理法

“6S”管理是指在生产现场对人员、机器、材料、方法、信息等生产要素进行有效管理。因为整理(Seiri)、整顿(Seiton)、清扫(Seiso)、清洁(Seiketsu)、素养(Shitsuke)、安全(Security)的第一个字母都为S,所以称之为“6S”。“6S”管理具体内容如下。

(1)整理:将工作场所的任何物品区分为有必要和没有必要,把没有必要的清除掉,目的是腾出空间,防止误用,营造清爽的工作场所。

(2)整顿:把留下来的必要物品依规定位置摆放,并放置整齐,且加以标识,目的是使工作场所一目了然,减少寻找物品的时间,营造整整齐齐的工作环境,消除过多的积压物品。

(3)清扫:将工作场所内看得见与看不见的地方清扫干净,保持工作场所干净、亮丽,目的是稳定品质,减少工作伤害。

(4)清洁:将整理、整顿、清扫进行到底,并且制度化,经常保持环境处在美观的状态,目的是创造整洁现场,维持以上“3S”成果。

(5)素养:每位成员养成良好的习惯,遵守规则做事,培养积极主动的精神(也称习惯性),目的是培养具有好习惯、遵守规则的员工,培养团队精神。

(6)安全:重视成员安全教育,每时每刻都有安全第一的观念,防患于未然,目的是建立安全生产的环境,所有的工作应建立在安全的前提下。

做一件事情,有时非常顺利,然而有时却非常棘手,这就需要“6S”来帮助我们分析、判断、处理所存在的各种问题。实施“6S”管理,能为我们带来巨大的好处,可以提高工作效率,降低成本,确保准时完成任务,同时还能确保安全生产。

项目 2　铣削零件的手动测量

铣削加工零件是常见的现代工业加工产品，随着先进制造技术的发展日新月异，精密测试技术应该适应这种发展，为先进制造业服务，担负起质量技术保证的重任。本项目将使用三坐标测量机（海克斯康 Global S-6/8/12）完成铣削零件的尺寸误差和几何误差测量。

任务 1　测量准备

☑ 任务内容

针对图 2-1-1 所示的铣削零件图，梳理测量项，明确被测对象，确定零件装夹方案，校准所需测针，正确添加测头角度，并进行校验。

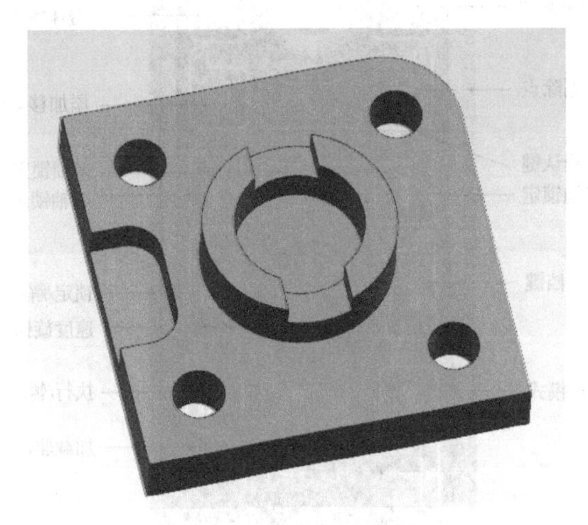

图 2-1-1　铣削零件图

☑ 任务目标

（1）能够正确开机，并熟练使用操纵盒操纵设备。

（2）能够正确添加测头角度，并完成测量机测头校验。

☑ 任务准备

（1）环境准备：确认电压稳定，气压在 0.4~0.6 MPa，温度为（20 ± 2）℃。

（2）设备准备：进行设备日常维护保养，使用无尘布蘸取无水乙醇，分别擦拭 X 轴、Y 轴和 Z 轴导轨面。

（3）工件准备：清洁工件表面油污、水渍，清除毛刺。

（4）工具准备：合适的测头、装夹固定工具。

☑ 知识链接

行程：X 轴为 700 mm，Y 轴为 1 000 mm，Z 轴为 700 mm。

工作台最大负荷：910 kg。

环境要求：温度为 18~26 ℃，湿度为 25%~75%，温度空间梯度为 1 ℃/m，温度时间梯度为 1 ℃/h，噪声<70 dB。

气源要求：三联体处压力为 0.4~0.45 MPa，气源供气压力≥0.5 MPa，耗气量为 150 NL/min。

1. 操纵盒按键说明

操纵盒如图 2-1-2 所示。

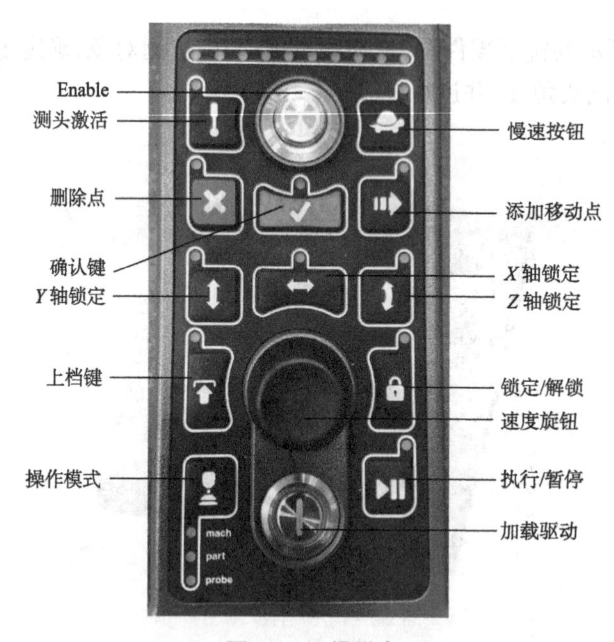

图 2-1-2　操纵盒

2. 测头校验

不同的测头配置和不同的测头角度，测量的坐标值是不一样的。为使不同测头配置和不同测头位置的测量结果都能够统一进行计算，测量软件要求进行测量前必须进行测头校验，以获得测头配置和测头角度的相关信息，以便在测量时对每个测点进行测针半径补偿，并把不同测头角度测点的坐标都转换到“基准”测头位置上。

1）测头校验的必要性

坐标测量机在测量零件时，测针的宝石球与被测零件表面接触，这个接触点与系统传输给计算机软件的宝石球中心点的坐标相差一个宝石球的半径，把这个半径值准确地修正到测量点是测量机软件的一项重要功能。所以，要通过测头校验得到测针的半径值。

在测量过程中，往往要通过不同的测头角度、长度与直径不同的测针组合测量元素，以得到所需要的测量结果。这些不同位置测量的点必须经过相应的转换才能在同一坐标下计算，并得出正确的结果。所以，要通过测头校验得出不同测头角度之间的位置关系，使软件系统能够进行准确换算。

2）测头校验的原理

当在经校准的标准球上校验测头时，测量软件首先用测量系统传送的坐标（宝石球中心点坐标）拟合计算一个球，计算出拟合球的直径和标准球球心点坐标。这个拟合球的直径减去标准球的直径，就是被校正的测头（测针）的等效直径。由于测点时各种原因造成一定的延迟，会使校验出的测头（测针）直径小于该测针宝石球的名义直径，因此称之为“等效直径”。该等效直径正好抵消测量零件时的测点延迟误差。

不同测头位置测量的拟合球球心点的坐标，反映了这些测头位置之间的关系，可用于对不同测头位置的测点进行换算。校验测头位置时，第一个校验的测头位置是所有测头位置的参照基准。校验测头位置，实际上就是校验与第一个测针位置之间的关系。

从以上原理可以看出，测头校验是测量过程的第一个环节，由此产生的误差会影响其他的测量结果，因此要非常重视。校验时，测针和标准球要保持清洁。测针、测头、测座等包括标准球都要固定牢固，不能有丝毫间隙。测头校验的速度要与测量时的速度保持一致。每次对测座、测头、测针进行拆卸操作后，都要重新对使用的所有测头位置进行校验。在平时使用过程中，为减少环境变化对测头的影响，要定期对测头进行校验。

3）测头的检测方法

在测量新零件时，进入测量软件后，软件会自动弹出“测头工具框”对话框，也可以在“插入”→“硬件定义”→“测头”菜单中选择进入“测头工具框”对话框。

在进行测头定义前，首先要按照测量规划配置测头、测针，并规划好测座的所有使用角度，然后按照实际配置定义测头系统。

Ⅰ. 定义测头文件名

PC-DMIS 软件的测头以文件的形式管理，每进行一次测头配置，都要用一个测头文件来区别。文件名在“测头工具框”对话框的“测头文件”文本框处输入，也可以在该对话框中选择以前使用过的测头文件进行测头校验，如图 2-1-3（a）所示。

Ⅱ. 定义测座

用鼠标点击未定义测头的提示语句，在“测头说明”下拉菜单中选择使用的测座型号，在右侧窗口中会出现该型号的测座图形，如图 2-1-3（b）所示。

Ⅲ. 定义测座与测头的转接

定义测座后，继续从“测头说明”下拉菜单中选择测座与测头之间的转接件，如图 2-1-3（c）所示。

Ⅳ. 定义加长杆和测头

如果在转接件后面有加长杆，则要在“测头说明”下拉菜单中选择相应长度和型号后，再选择相应测头，如图 2-1-3（d）所示。

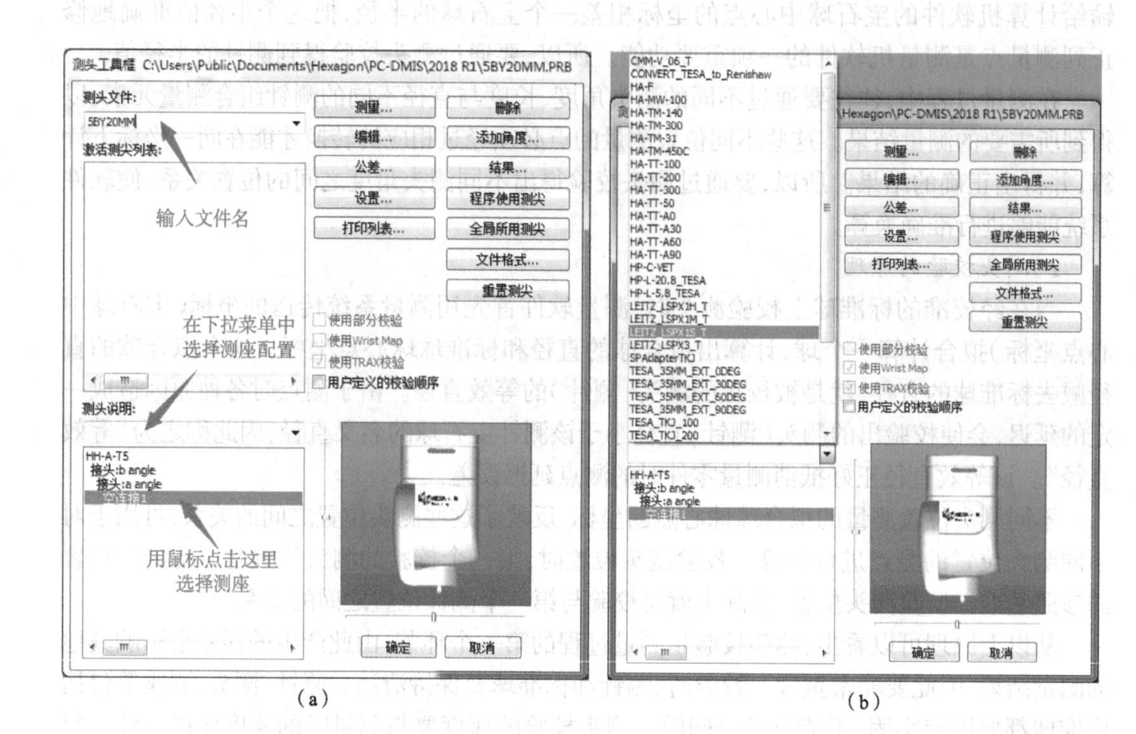

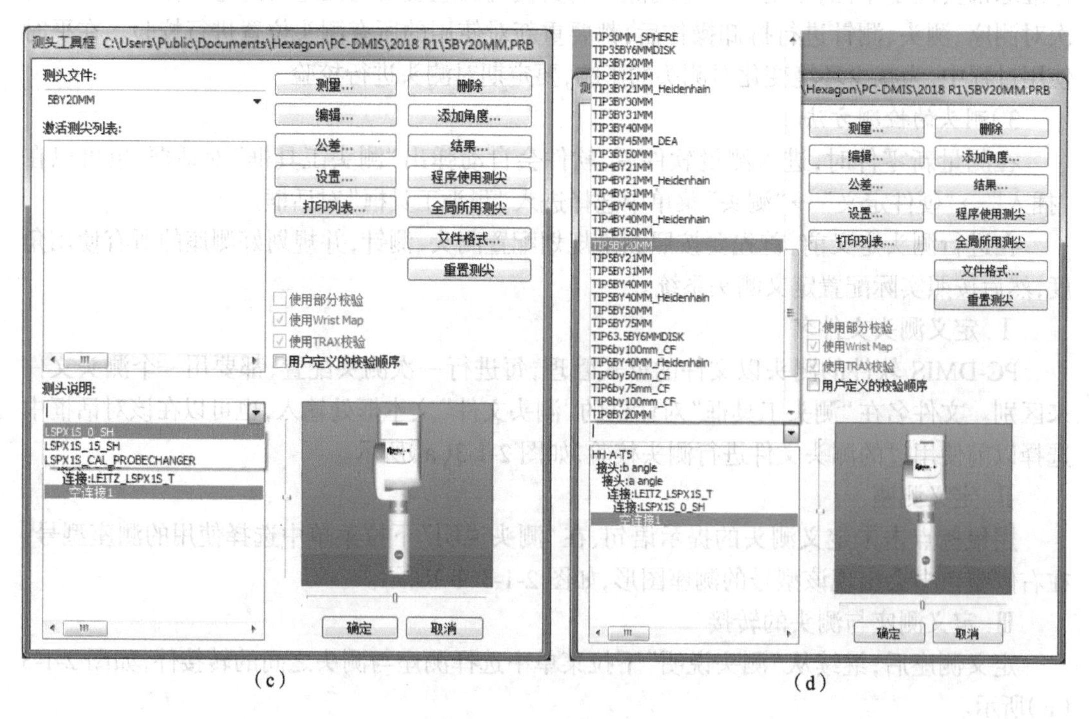

图 2-1-3 测头工具框

(a)定义测头文件名 (b)定义测座 (c)定义测座与测头的转接 (d)定义加长杆和测头

V. 定义测针

在“测头说明”下拉菜单中按照测针的宝石球直径和测针长度选择相应的测针。如果在测头与测针间有加长杆，则要先定义加长杆再定义测针。

提示：要根据测头的承载能力配置测针和加长杆。如果测针和加长杆的重量超出测头承载能力，则会造成误触发或缩短测头寿命及降低精度。定义测针后，会在测头角度窗口中自动显示 A0、B0 角度位置，如图 2-1-4 所示。

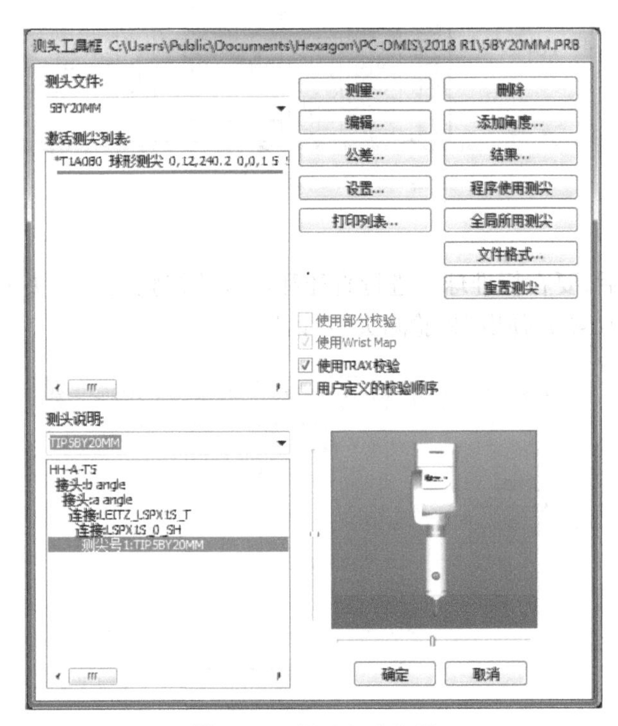

图 2-1-4　显示角度位置

Ⅵ. 添加测头角度

如需要添加测头角度，在“测头工具框”对话框中单击“添加角度”按钮，即出现“添加新角”对话框，如图 2-1-5 所示。PC-DMIS 软件提供了三种添加角度的方法。

（1）单个测头角度，可在 A 区中各个角的数据框中直接输入 A、B 角度。

（2）多个分布均匀的测头角度，可在 B 区的均匀间隔角的数据框中分别输入 A、B 方向的起始角、终止角、角度增量的数值，软件会生成均匀角度。

（3）在 C 区的矩阵表中，纵坐标是 A 角，横坐标是 B 角，其间隔是当前定义测座可以旋转的最小角度，使用者可以按需要选择。

这些角度的测头位置定义后，将使用其 A、B 角的角度值命名。在使用这些测头位置时，只要按照其角度值选择调用即可。

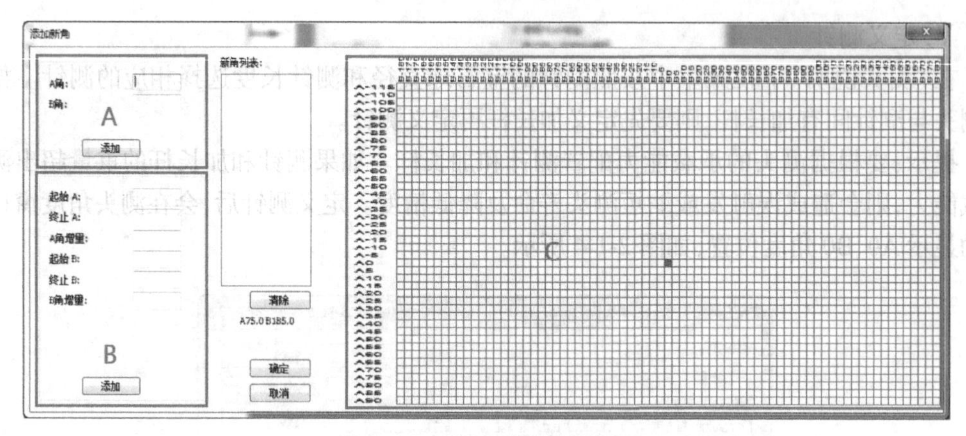

图 2-1-5 “添加新角”对话框

Ⅶ. 校验测头

完成测头定义后，要在标准球上进行直径和位置的校验，在“测头工具框”对话框中单击“测量”按钮（图 2-1-6），弹出“校验测头”对话框。

图 2-1-6 在“测头工具框”对话框中单击“测量”按钮

在图 2-1-7 所示的“校验测头”对话框中，输入测头校验的点数和速度，具体如下。

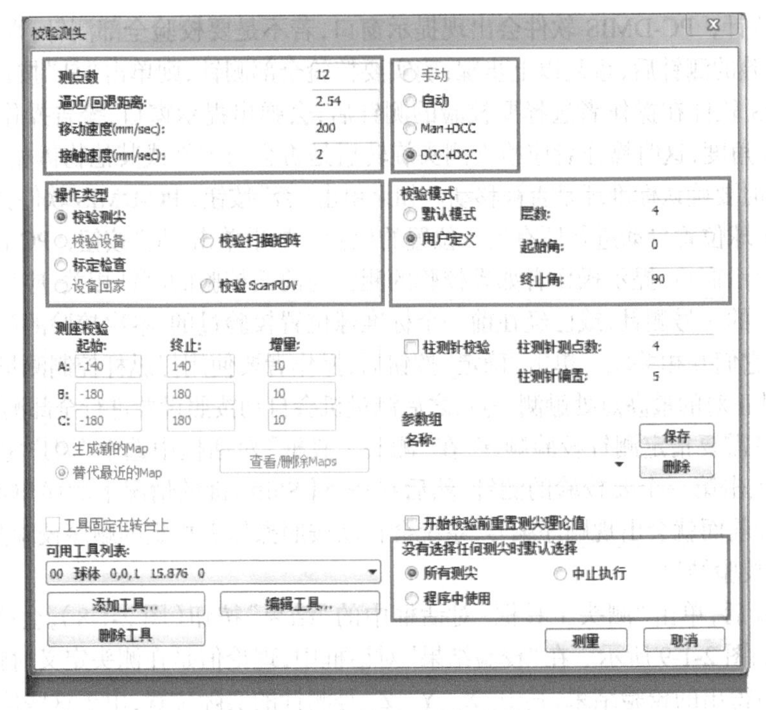

图 2-1-7　“校验测头”对话框

（1）测点数：校验时测量标准球的采点数，缺省设置为 5 点，推荐为 9~12 点。

（2）逼近/回退距离：测头逼近或回退时速度转换点的位置，可以根据情况设置，一般为 2~5 mm。

（3）移动速度：测量时位置间的运动速度。

（4）接触速度：测头接触标准球的速度。

（5）控制方式：一般选择“DCC+DCC”。

（6）操作类型：一般选择“校验测尖”。

（7）校验模式：一般应选择“用户定义”，在采点数为 9~12 点时，层数应选择 3 层；起始角和终止角可以根据情况选择，一般球形和柱形测针采用 0~90°，进行特殊测针（如盘形测针）校验时，起始角、终止角要进行必要的调整。

（8）对柱测针标定：进行柱测针校验时，“柱测针偏置”是指在测量时使用的柱测针的位置。

（9）参数组：用户可以把“校验测头”对话框的设置，用文件的方式进行保存，需要时直接调用即可。

（10）可用工具列表：校验测头时使用的工具的定义。单击“添加工具”按钮，弹出“添加工具”对话框，在工具标识窗口添加“标识”，在支撑矢量窗口输入标准球的支撑矢量（指向标准球，如 0，0，1），在直径/长度窗口输入标准球检定证书上标注的实际直径值，单击“确定”按钮。

Ⅷ. 实施校验

在“校验测头”对话框设置完成后，单击“测量”按钮。如果单击“测量”按钮前没有选择要校验的测针，PC-DMIS 软件会出现提示窗口，若不是要校验全部测针，则单击“否”按钮，选择要校验的测针后，重复以上步骤；确实要校验全部测针，则单击“是”按钮。

PC-DMIS 软件在操作者选择要校验的测针后，会弹出提示窗口，警告操作者测座将旋转到 A0、B0 角度，这时操作者应检查测头旋转后是否会与工件或其他物体相干涉，并及时采取措施，同时要确认标准球是否被移动。如果单击“否”按钮，PC-DMIS 软件会根据最后一次记忆的标准球位置自动进行所有测头位置的校验。如果单击“是”按钮，PC-DMIS 软件会弹出另一个提示窗口，提示操作者如果校验的测针与前面校验的测针相关，应该用前面标准球位置校验过的一号测针，或已经在前一个标准球位置校验过的、本次校验的第一个测针进行校验，以使它们互相关联。单击“确定”按钮后，操作者要使用操纵杆控制测量机用测针在标准球与测针正对的最高点处触测一点，之后测量机会自动按照设置进行全部测针的校验。

若操作者需要指定测针校验顺序，在“测头工具框”对话框中选中“用户定义的校验顺序”复选框，点击第一个要校验的测针，然后在按下【Shift】键的情况下顺序单击其他测针，在定义的测针前面就会出现顺序编号，系统会自动按照操作者指定的顺序校验测针。

Ⅸ. 观察校验结果

测头校验后，单击“测头工具框”对话框中的“结果”按钮（图 2-1-8），会弹出“校验结果”对话框，如图 2-1-9 所示。在“校验结果”对话框中，理论值是在测头定义时输入的值，实测值是校验后得出的校验结果，其中“X、Y、Z”是测针的实际位置，由于这些位置与测座的旋转中心有关，所以它们与理论值的差别不影响测量精度；“D”是测针校验后的等效直径，由于测点延迟原因，这个值要比理论值小，它与测量速度、测针长度、测杆弯曲变形等有关，在不同情况下会有区别，但在同等条件下相对稳定。

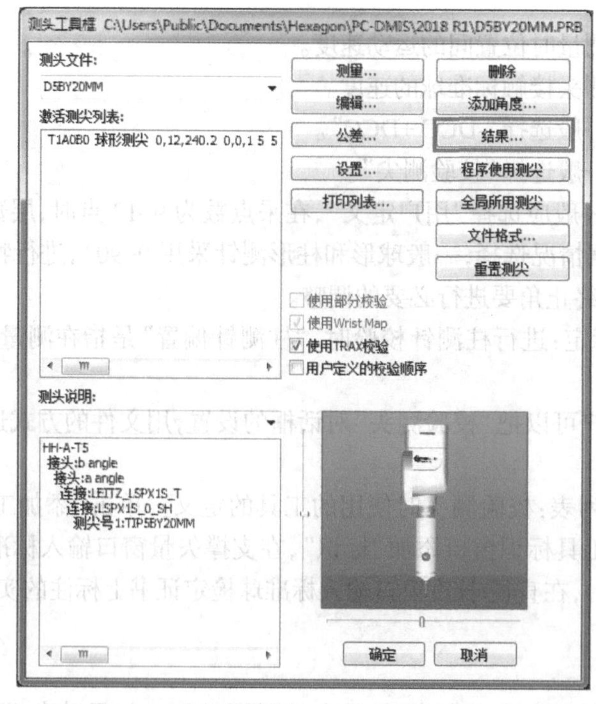

图 2-1-8 在“测头工具框”对话框中单击“结果”按钮

图 2-1-9 中“StdDev”是本次校验的形状误差，从某种意义上反映校验的精度，这个误差越小越好。

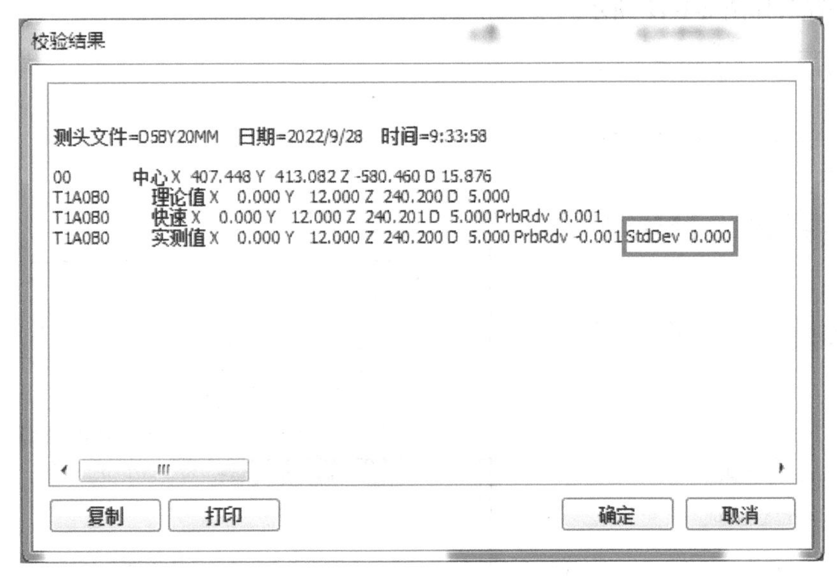

图 2-1-9　“校验结果”对话框

☑ 任务步骤

（1）添加 A45B0、A90B90、A45B90、A45B45、A60B90 测头角度，并进行校验。在“测头工具框”对话框中单击“添加角度”按钮，即出现“添加新角”对话框，如图 2-1-10 所示。在各个角的数据框中直接输入 A 角“45”、B 角“0”后，单击“添加”按钮，再单击“确定”按钮。

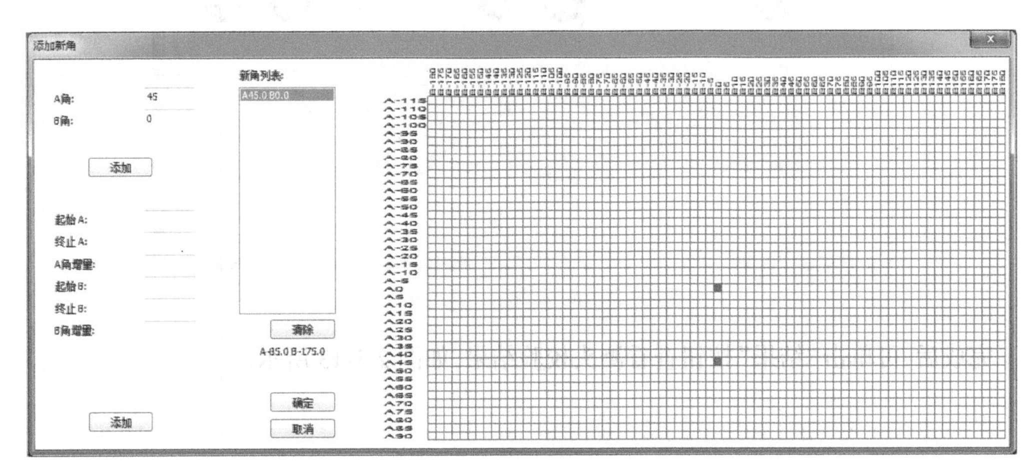

图 2-1-10　“添加新角”对话框

完成添加后，新的测头角度出现在“激活测尖列表”中，带*号的测尖需要经过校验后，才能在测量过程中调用。

在“激活测尖列表”中选择“A45B0 球形测尖”，单击“测量”按钮，弹出“标定工具已移动”对话框，选择默认设置，并单击“确定”按钮，然后按照系统提示，沿着测杆方向在标准球的最高位置采集一个点，如图 2-1-11 所示。按操纵盒上的确认键，系统自动完成 A45B0 球形测尖的校准，如图 2-1-12 所示。

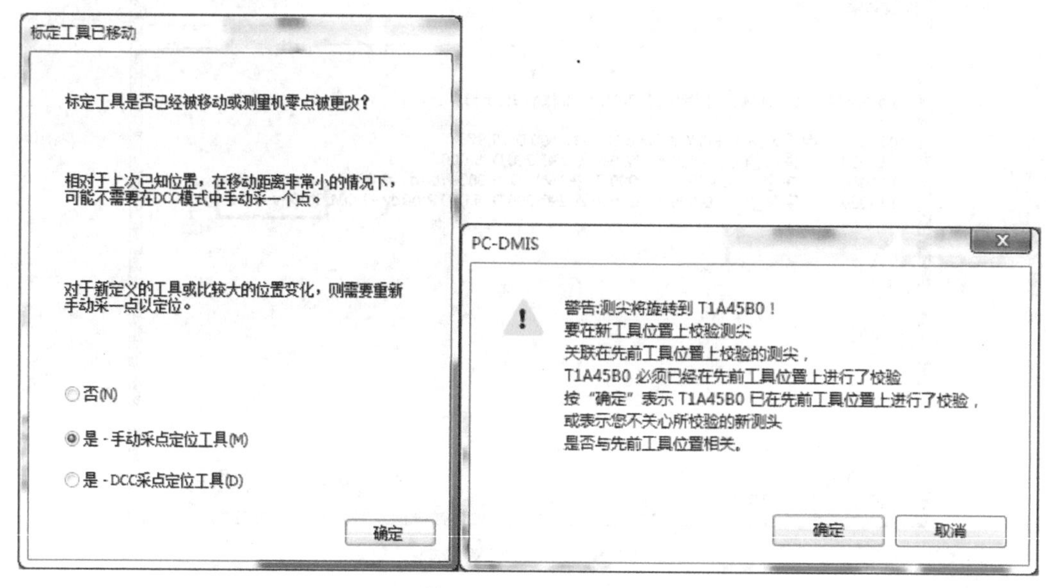

图 2-1-11 提示窗口

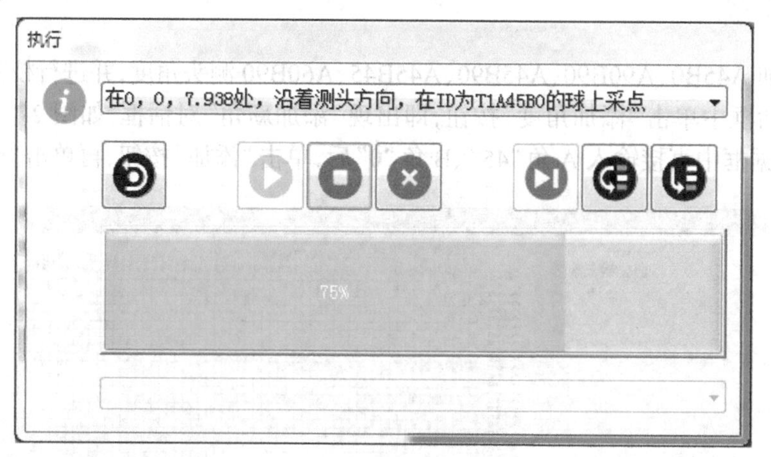

图 2-1-12 “执行”对话框

完成后，可单击“结果”按钮查看测头校验结果，如图 2-1-13 所示。

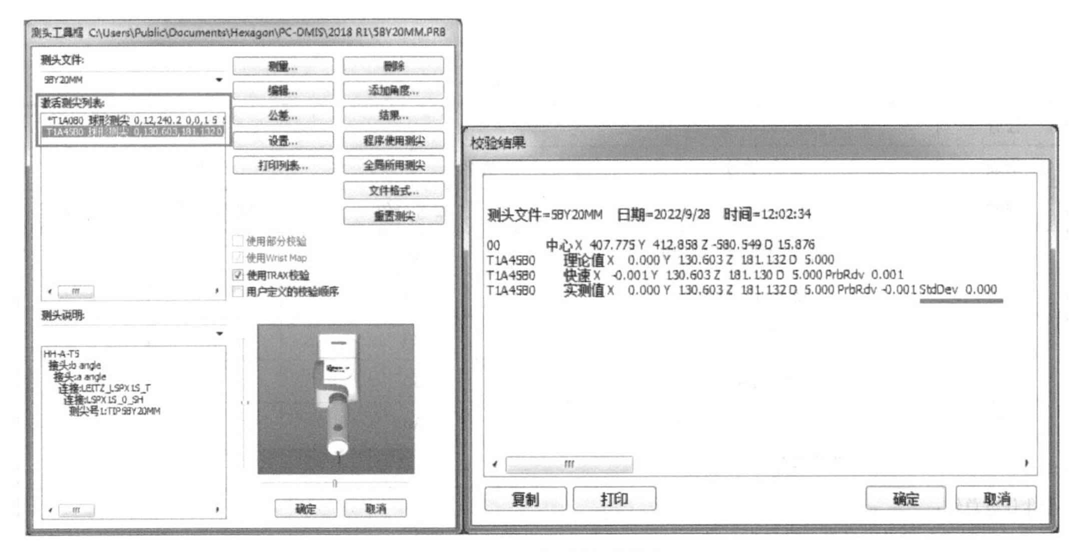

图 2-1-13　查看校验结果

测头角度 A45B0 如图 2-1-14 所示。

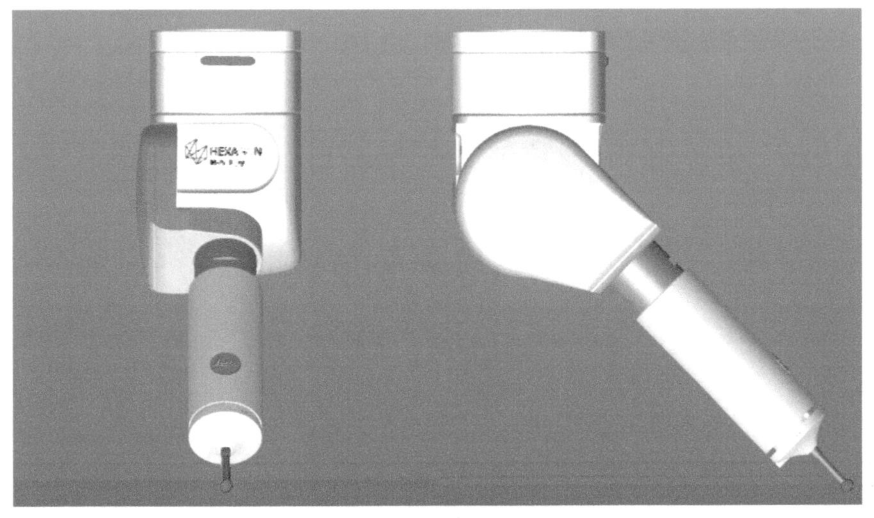
图 2-1-14　测头角度 A45B0

（2）根据测量元素，确定零件装夹方案。结合工件装夹原则，采用精密虎钳装夹方案，保证一次装夹可完成全部元素的测量。

（3）选择 D5Y20 球形测尖，测针选用 A0B0 方向，并进行校准。

☑ 任务评价

<table>
<tr><td>任务</td><td colspan="7"></td></tr>
<tr><td>班级</td><td></td><td>学号</td><td></td><td>姓名</td><td></td><td>日期</td><td></td></tr>
<tr><td>项次</td><td colspan="3">项目与技术要求</td><td colspan="2">参考分值</td><td>实测记录</td><td>得分</td></tr>
<tr><td>1</td><td colspan="3">遵守纪律、课堂互动</td><td colspan="2">10</td><td></td><td></td></tr>
<tr><td>2</td><td colspan="3">测量机日常保养</td><td colspan="2">10</td><td></td><td></td></tr>
<tr><td>3</td><td colspan="3">测量机正确开、关机</td><td colspan="2">20</td><td></td><td></td></tr>
<tr><td>4</td><td colspan="3">操纵盒操作应用</td><td colspan="2">30</td><td></td><td></td></tr>
<tr><td>5</td><td colspan="3">多角度测针的校验</td><td colspan="2">30</td><td></td><td></td></tr>
<tr><td colspan="4">总计得分</td><td colspan="4"></td></tr>
<tr><td colspan="8">学生任务总结：</td></tr>
<tr><td colspan="8">教师点评：</td></tr>
</table>

任务 2　手动测量

☑ 任务内容

根据图 2-2-1 和图 2-2-2 的要求，梳理测量项目，标注测量元素编号，完成元素的测量。

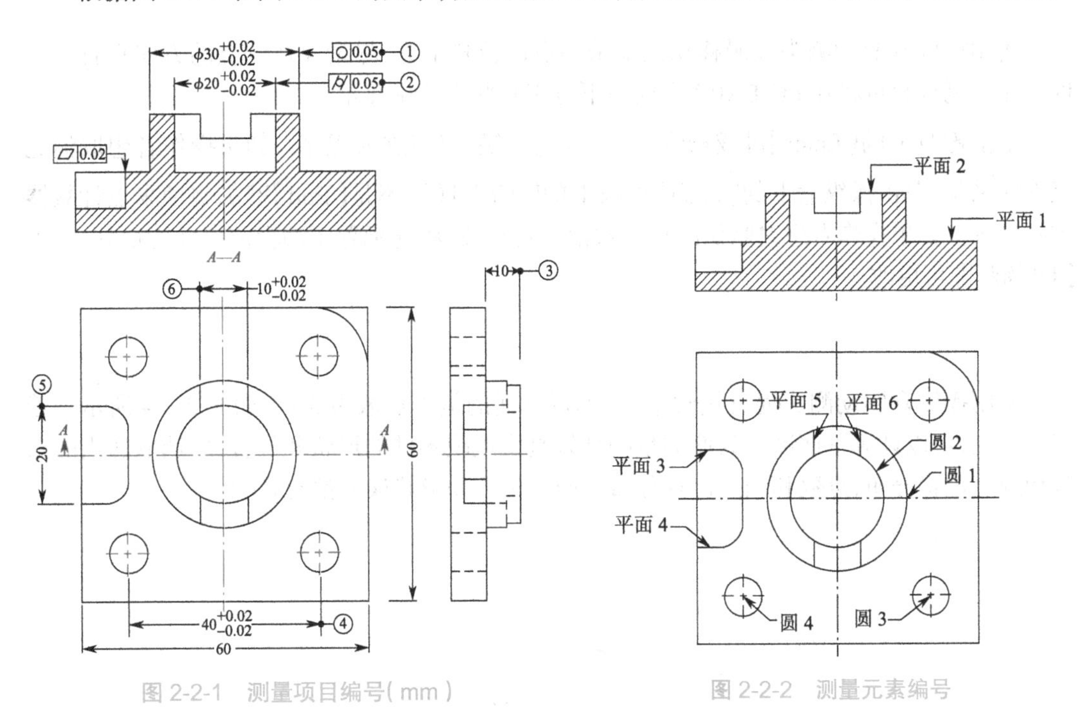

图 2-2-1　测量项目编号(mm)　　图 2-2-2　测量元素编号

☑ 任务目标

（1）掌握正确选择测点的方法。

（2）掌握正确测量几何元素的技能。

☑ 任务准备

（1）环境准备：确认电压稳定，气压在 0.4~0.6 MPa，温度为（20 ± 2）℃。

（2）设备准备：确认已添加需要用的测头角度。

（3）工件准备：清洁工件表面油污水渍，清除毛刺。

（4）工具准备：合适的测头、测杆、装夹固定工具。

☑ 知识链接

手动控制操作面板，使测球沿着工件被测面的法线方向触测采集数据点，系统会自动识别被测元素的类型，也可在“测定特征”工具栏通过对应图标进行手动选择，如图 2-2-3 所示。

图 2-2-3 “测定特征”工具栏

1. 手动测量点

使用操纵盒驱动测头缓慢移动到要采集点的位置上方，尽量保持测点的方向垂直于工件表面。测点数量将在 PC-DMIS 界面右下方工具状态栏中显示。

单击键盘上的【Enter】键或操纵盒上的 ✓ 键，点将进入程序。如果操作者想取消此点重新采集，单击操纵盒上的 × 键或键盘上的【Alt】键（而不是【End】键），将使采点计数器重新置零。如果操作者想对默认的特征数值进行更改，将光标置于编辑窗口此特征处，单击【F9】键，即可更改。

2. 手动测量平面

使用操纵盒驱动测头逼近接触平面，测量平面的最少点数为 3 点，如图 2-2-4 所示。若多于 3 点，可以计算平面度。为使测量的结果真实反映零件的形状和位置，应选取适当的点数和测点位置分布，点数和测点位置分布对面的位置和形状误差都有影响。

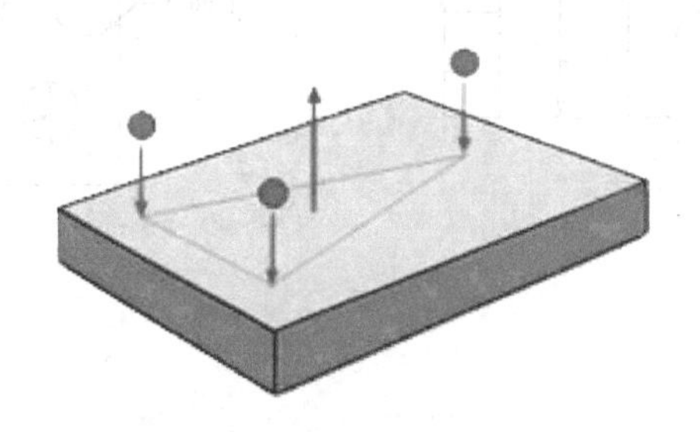

图 2-2-4 手动测量平面

若所有的测点采集完毕，则单击键盘上的【End】键或操纵盒上的 ✓ 键。

3. 手动测量直线

使用操纵盒将测头移动到指定位置，驱动测头沿着逼近方向在曲面上采集点，假如采集了坏点，单击操纵盒上的 × 键或键盘上的【Alt】键，删除测点，重新采集。重复这个过程可采集第二个点或更多点。

如果操作者要在指定方向上创建直线，那么采点的顺序非常重要，起始点到终止点决定了直线的方向。确定直线的最少点数为 2 点，如图 2-2-5 所示。若多于 2 点，可以计算直线度，为确定直线度方向，应选择直线的投影面。单击键盘上的【End】键或操纵盒上的 ✓ 键，可使此特征被创建。

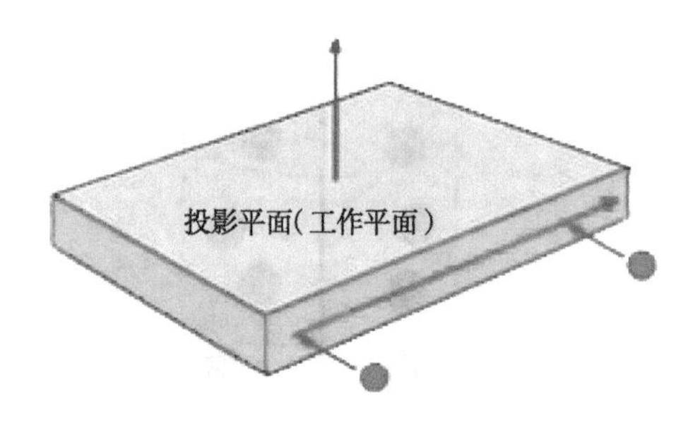

图 2-2-5　手动测量直线

4. 手动测量圆

使用操纵盒测量圆时，PC-DMIS 将保存在圆上采集的点,因此采集时的精确性及测点均匀间隔非常重要。测量前应指定投影平面(工作平面),以保证测量准确。测量圆的最少点数为 3 点,如图 2-2-6 所示。若多于 3 点,可以计算圆度。

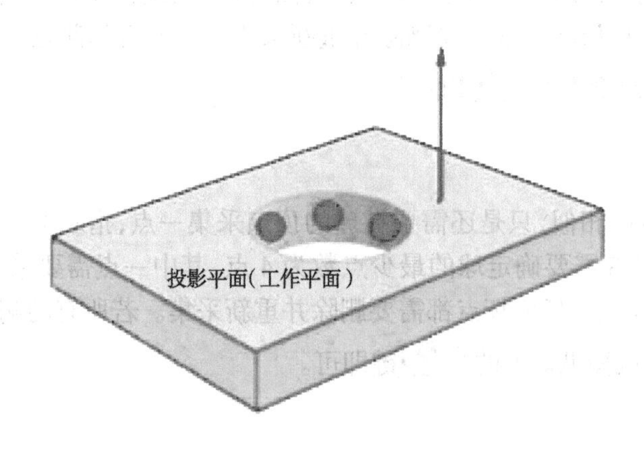

图 2-2-6　手动测量圆

如果要重新采集测点,那么单击操纵盒上的✖键或键盘上的【Alt】键,删除测点,重新采集。若所有的测点采集完毕,则单击键盘上的【End】键或操纵盒上的✓键即可。

5. 手动测量圆柱

圆柱的测量方法与圆的测量方法类似,只是圆柱的测量至少需要测量两层,且必须确保第一层圆测量时点数足够再移到第二层。测量圆柱的最少点数为 6 点(每截面圆 3 点),如图 2-2-7 所示。控制创建的圆柱轴线方向规则与直线相同,即从起始端面圆指向终止端面圆的方向。

对于坏点可以通过单击操纵盒上的✖键或键盘上的【Alt】键,删除测点,重新采集。若所有的测点采集完毕,则单击键盘上的【End】键或操纵盒上的✓键即可。

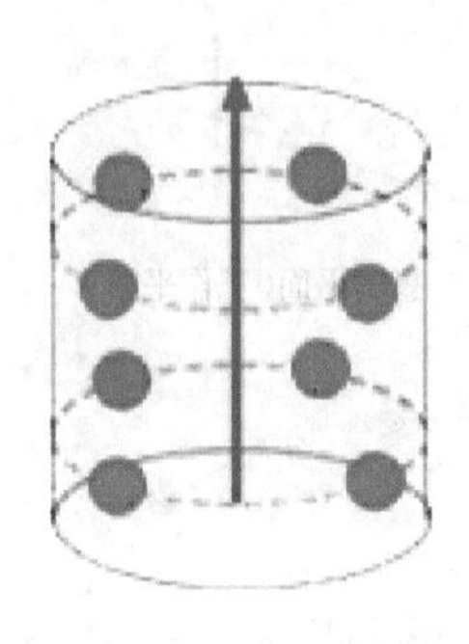

图 2-2-7 手动测量圆柱

6. 手动测量圆锥

圆锥的测量与圆柱的测量类似。PC-DMIS 会根据直径的不同获得测量的元素。

要计算圆锥，PC-DMIS 需要确定圆锥的最少点数为 6 点(每个截面圆 3 点),并确保每个截面圆点数在同一高度。测量第一组点集合后,将第三轴移动到圆锥的另一个截面上测量第二个截面圆。任何坏点都需要删除并重新采集。若所有的测点采集完毕,则单击键盘上的【End】键或操纵盒上的 ✓ 即可。

7. 手动测量球

测量球与测量圆相似,只是还需要在球的顶点采集一点,指示 PC-DMIS 是计算球而不是计算圆。PC-DMIS 需要确定球的最少点数为 4 点,其中一点需要采集在顶点上。超过 4 点,可以计算球度误差。任何坏点都需要删除并重新采集。若所有的测点采集完毕,则单击键盘上的【End】键或操纵盒上的 ✓ 键即可。

☑ 任务步骤

(1)项目梳理及工件装夹方案,选择适合本项目的探针,如 B5Y20 探针(测针长度 20 mm,测球直径 5 mm),测针选用 1_A0B0,并进行校准。

(2)根据表 2-2-1 中的编号,手动控制"操作手柄",依次完成被测元素的采集。

表 2-2-1 测量项目

序号	测量项目	描述
1	$\phi30^{+0.02}_{-0.02}$ mm	圆 1 的直径
2	$\phi20^{+0.02}_{-0.02}$ mm	圆 2 的直径
3	圆度 0.05 mm	圆 1 的圆度
4	圆柱度 0.05 mm	圆 2 的圆柱度
5	10 mm	平面 1 与平面 2 的距离
6	(20 ± 0.1)mm	平面 3 与平面 4 的距离

续表

序号	测量项目	描述
7	(10 ± 0.02)mm	平面 5 与平面 6 的距离
8	平面度 0.02 mm	平面 1 的平面度
9	(40 ± 0.02)mm	圆 3 与圆 4 的距离

☑ 任务评价

<table>
<tr><td>任务</td><td colspan="7"></td></tr>
<tr><td>班级</td><td></td><td>学号</td><td></td><td>姓名</td><td></td><td>日期</td><td></td></tr>
<tr><td>项次</td><td colspan="3">项目与技术要求</td><td>参考分值</td><td colspan="2">实测记录</td><td>得分</td></tr>
<tr><td>1</td><td colspan="3">正确装夹、放置工件</td><td>10</td><td colspan="2"></td><td></td></tr>
<tr><td>2</td><td colspan="3">手动测量直线、圆、平面</td><td>15</td><td colspan="2"></td><td></td></tr>
<tr><td>3</td><td colspan="3">手动测量圆柱、球体</td><td>20</td><td colspan="2"></td><td></td></tr>
<tr><td>4</td><td colspan="3">完成所有测量元素采集</td><td>35</td><td colspan="2"></td><td></td></tr>
<tr><td>5</td><td colspan="3">安全操作</td><td>20</td><td colspan="2"></td><td></td></tr>
<tr><td colspan="4">总计得分</td><td colspan="4"></td></tr>
<tr><td colspan="8">学生任务总结：</td></tr>
<tr><td colspan="8">教师点评：</td></tr>
</table>

任务 3　输出测量结果

☑ 任务内容

在完成图 2-1-1 所示零件元素的探测后，评价尺寸公差和几何公差，并输出测量结果。

☑ 任务目标

（1）掌握正确使用 PC-DIMIS 软件进行元素编辑的方法。
（2）能够正确输出测量结果。

☑ 任务准备

（1）文件准备：前序任务完成后的项目文件。
（2）设备准备：确认设备无故障。

☑ 知识链接

1. 输出基本尺寸——特征位置

图 2-3-1 所示为“特征位置”对话框的各个子菜单群的细节，下面逐一介绍各个子菜单群的含义。

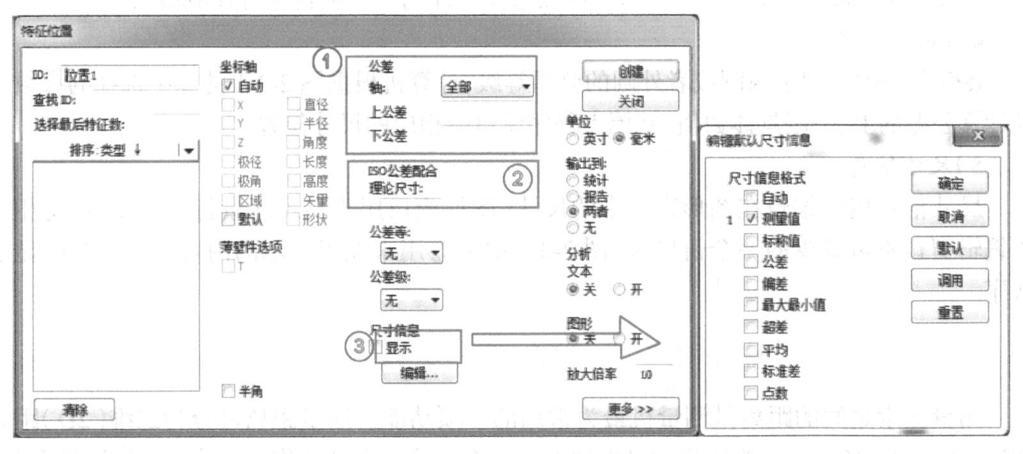

图 2-3-1　“特征位置”对话框

1）坐标轴

“默认”复选框用于更改默认输出的格式。当选中“自动”复选框时，将根据特征类型的默认轴来选择要在尺寸中显示的轴。不过，在有些情况下，可能必须替代默认设置。要更改默认输出，可参照以下介绍。

选中“X”复选框，输出 X 轴的值。

选中“Y”复选框，输出 Y 轴的值。

选中“Z”复选框，输出 Z 轴的值。

选中“极径”复选框，输出极坐标下到极点的距离。

选中“极角”复选框，输出极坐标的极角值。

选中“直径”复选框，输出直径值。

选中“半径”复选框，输出半径值（直径的一半）。

选中“角度”复选框，输出角度值（用于锥体）。

选中“长度”复选框，输出长度（用于柱体和槽）。

选中“高度”复选框，输出高度，通常是槽的高度，但也可能是锥体、柱体和椭圆的长度。

选中“矢量”复选框，输出矢量位置。

选中“形状”复选框，随位置尺寸一起输出特征的综合形状尺寸。对于圆或柱体特征，形状为圆度尺寸；对于平面特征，形状为平面度尺寸；对于直线特征，形状为直线度尺寸。

2）薄壁件选项

“薄壁件选项”区域包含的复选框只有在标注薄壁件特征时才可用。

选中“T”复选框，输出逼近矢量方向的误差（用于曲面上的点）。

选中“S”复选框，输出曲面矢量方向的偏差。

选中“RT”复选框，输出报告矢量方向的偏差。

选中“RS”复选框，输出曲面报告方向的偏差。

选中“PD”复选框，输出圆的直径（垂直于销矢量）。

3）公差

在图 2-3-1 的①中输入上、下公差，可以选择具体的公差项目进行数值输入。

4）ISO 公差配合

ISO 公差配合用于内圆或者外圆的公差等级，计算机根据图 2-3-1 的②中选择的参数自动计算公差的上、下限具体数值，并填入程序窗口中相应的尺寸位置。

5）尺寸信息

尺寸信息用于编辑在图形窗口中的尺寸（图形窗口用于显示测量特征的图像，是相对于编辑窗口不可缺少的一个窗口）。图 2-3-1 中的③用来设置显示的内容及该内容的显示次序。

2. 输出基本尺寸——距离

测量元素之间的距离是测量机最为常用的一项功能。测量距离可分为二维（2D）距离和三维（3D）距离。在二维距离中可以选择第三个或第二个特征作为计算中所使用的方向。

与其他大多数尺寸计算相比，距离计算不太直观。二维距离的方向总是平行于工作平面，三维距离是元素间的空间距离。注意到这一点非常重要，大多数的计算错误都与参数选择时忽略二维、三维的判断有关系。

使用“距离”对话框的选项标注距离的方法如下。

（1）在菜单栏中选择“插入”→“尺寸”→“距离”命令，弹出“距离”对话框，如图 2-3-2 所示。

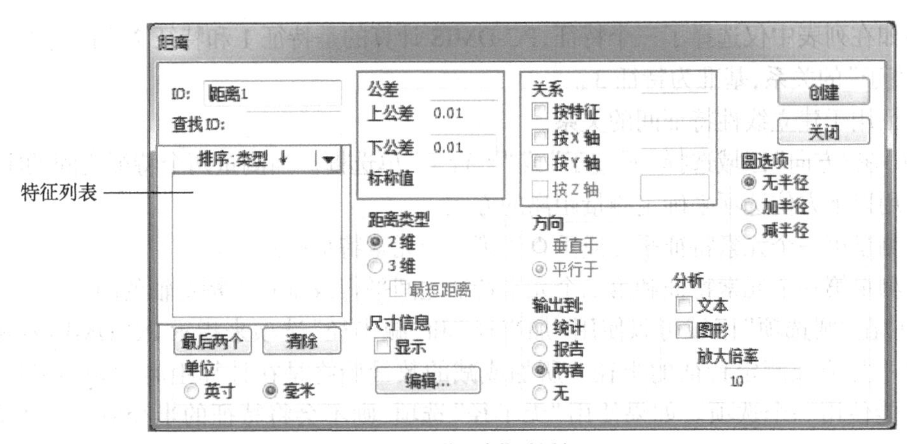

图 2-3-2　“距离”对话框

（2）在特征列表框中选择要计算距离的特征元素。

（3）在“公差”区域中的“上公差”框中输入正公差值，在“下公差”框中输入负公差值。“公差”区域允许操作者沿着正负方向输入正负公差带，其中距离尺寸的理论值并不都是基于数字模型数据或测量数据的，有时候数据来自硬拷贝，可以使用标称值框输入理论距离。

（4）在“距离类型”区域选择“2 维”或“3 维”选项，以指定距离类型。2 维和 3 维距离尺寸将按照相关特征应用以下规则。

①特征的处理。将球体、点和特征组当作点来处理；将槽、柱体、锥体、直线和圆当作直线来处理；平面通常当作平面来处理，个例中也有当作点来处理的，如两个平面求距离，实际上求得是第一个平面的特征点到第二个平面的垂直距离。

②其他规则。如果两个元素都是点（如以上定义），PC-DMIS 将提供点之间的最短距离。如果一个元素是直线（如以上定义），而另一个元素是点，PC-DMIS 将提供直线（或中心线）和点之间的最短距离。如果两个元素都是直线，PC-DMIS 将提供第二条直线的质心到第一条直线的最短距离。如果一个元素是平面，而另一个元素是直线，PC-DMIS 将提供直线特征点和平面之间的最短距离。如果一个元素是平面，而另一个元素是点，PC-DMIS 将提供点和平面之间的最短距离。如果两个元素都是平面，PC-DMIS 将提供第一个平面的特征点到第二个平面的最短距离。

（5）在“单位”区域选择英制或公制。

（6）在“输出到”区域选择将尺寸信息输出到何处，可选择“统计”“报告”“两者”或“无”选项。

（7）在“关系”区域选择“按特征”“按 X 轴”“按 Y 轴”或“按 Z 轴”选项，以确定用于定义距离的关系。“关系”区域中的各复选框用于指定在两个特征之间测量的距离是垂直或平行于特定轴，还是垂直或平行于第二个所选特征。当选择“按特征”复选框后，“方向”区域的“垂直于”或“平行于”选项就可以选择了。这些选项使 PC-DMIS 计算所选择的第一个特征和第二个特征与某个特征之间平行或垂直的距离。

假如在列表中仅选择了两个特征，PC-DMIS 计算的是特征 1 和特征 2 之间的“平行于”或“垂直于”的关系，基准为特征 2。

假如在列表中仅选择了三个特征，PC-DMIS 计算的是特征 1 和特征 2 之间的“平行于”或“垂直于”的关系，基准为特征 3 。

特征用于建立线性特征间的关系。

（8）在“方向”区域选择“垂直于”或“平行于”单选框。当测量两个特征之间的距离时，可以使用以下方位选项来确定测量距离的方式。

①测量第一个元素特征平行或垂直于第二个元素特征的距离。

②测量第一个元素特征和第二个元素特征之间平行或垂直于特定轴的距离。

（9）在“圆选项”区域可以使用“加半径”和“减半径”选项来指示 PC-DMIS 在测得的总距离中加或减测定特征的半径。所加或减的数量始终是在计算距离的相同矢量上，且一次只能使用一个选项。如果使用“无半径”选项，则不会将特征的半径应用到所测量的距离上。

（10）如果要在“图形显示”窗口中查看尺寸信息，应选中“尺寸信息”区域的“显示”复选框。

（11）在“分析”区域选择“文本”或“图形”复选框，如选择“图形”复选框，在“放大倍率”框中输入放大倍率值。

（12）如果需要，选中“尺寸信息”区域的“显示”复选框并单击“编辑”按钮，以选择希望在“图形显示”窗口中显示的尺寸信息格式。

（13）单击“创建”按钮。

（14）其他。

PC-DMIS 软件可以把误差用文本格式和图形格式显示，用于分析误差产生的原因。选择“文本”，将以文本数据的形式显示所有数据，并标识“最大”“最小”值。

选择“图形”，将会在“插入”→“报告命令”→“分析”菜单中进行误差分析，也可以在“图形显示”窗口中看到误差的分布。倍率是在“分析”窗口和“图形显示”窗口中误差显示的放大倍数。在“分析”菜单中选择要分析的元素，选择适当的倍率后，单击“查看”窗口，就可以看到被分析元素的误差分布。

当误差都小于公差值时，显示的点位置是绿色的，没有箭头。

当误差大于公差带要求时，就会显示出红色箭头（大于公差值）或黄色箭头（小于公差值），箭头的大小和方向都可以清楚地显示出来。

☑ 任务步骤

1. 平面度的评价

平面度评价是计算一个平面的平面度，对该平面至少应测 4 点或者更多点，点数越多越能反映其真实的平面度。公差只给出一个值，此值表示两个包容测量平面的平行平面间的距离。

（1）在菜单栏中选择“插入”→尺寸”→“平面度特征控制框”命令，弹出“平面度 形位公差”对话框，如图 2-3-3 所示。

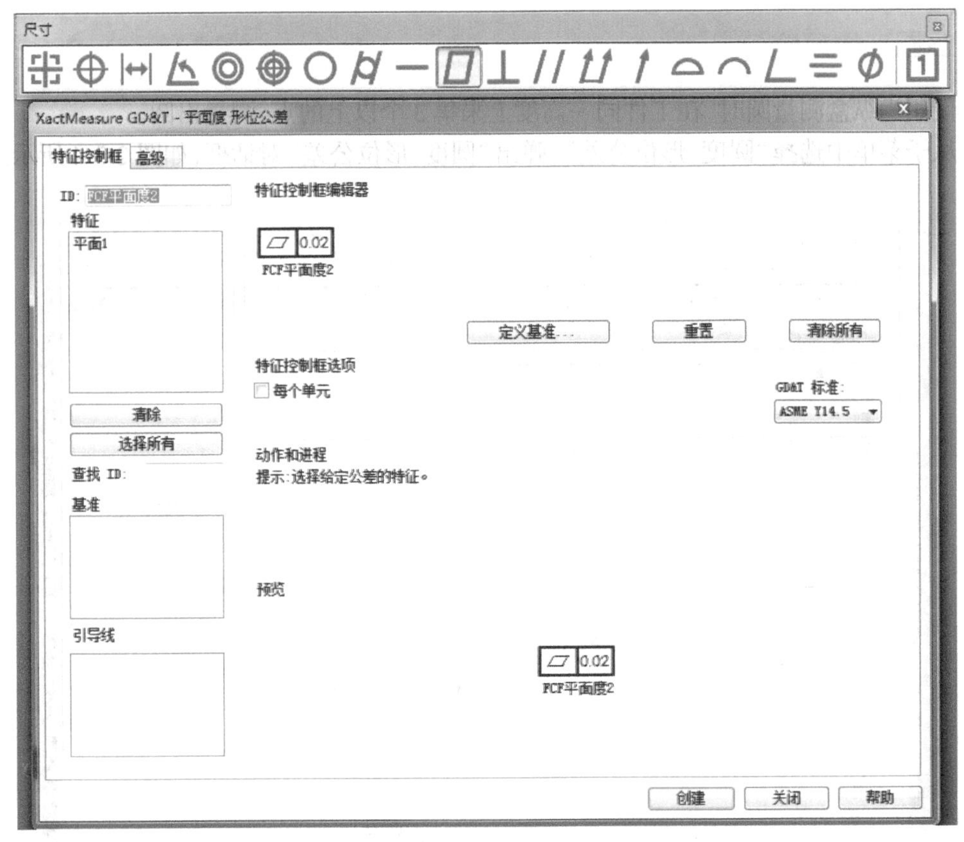

图 2-3-3 “平面度 形位公差”对话框

（2）在特征列表中选择测量过的特征进行评价。（注意：在程序中把光标的位置放在程序的最后才可以显示所有测量过的特征，如果选错了想要评价的特征，单击“清除所有”按钮可以删除选择的特征，单击“重置”按钮可以重新选择想要评价的特征。）

（3）在公差框中键入公差值。（如果需要在这个测量平面上选择一个小的单元进行评价，选择“特征控制框选项”中的“每个单元”选项，在“特征控制框编辑器”窗口会出现一个小的平面范围供选择输入。）

（4）在“高级”选项卡的“单位”区域选择英制或公制。

（5）选择要将尺寸信息输出到何处，选择“高级”选项卡中的统计、报告、两者都或都不选项。

（6）如果想在“图形显示”窗口中浏览尺寸信息，应选择尺寸信息框。

（7）选中“文本”复选框或“图形”复选框，以选择所需的分析选项，以便在报告或图形窗口进行分析。如果选中“图形”复选框，应在放大倍率框中输入放大倍率值。如果需要显示尺寸“文本”信息，选中“尺寸信息”区域中的“显示”复选框，单击“编辑”按钮以选择希望在“图形显示”窗口中显示的尺寸信息格式。

（8）单击“创建”按钮，可以得到需要的平面度尺寸信息。

使用三坐标测量机对工件圆度、圆柱度进行检测，可进一步对其几何形状精度进行检测。

2. 圆度的评价

使用操纵盒测量圆时,在工件同一高度上采集 3 个以上的点,测量出圆。

从子菜单中选择“圆度 形位公差”,弹出“圆度 形位公差”对话框,如图 2-3-4 所示。

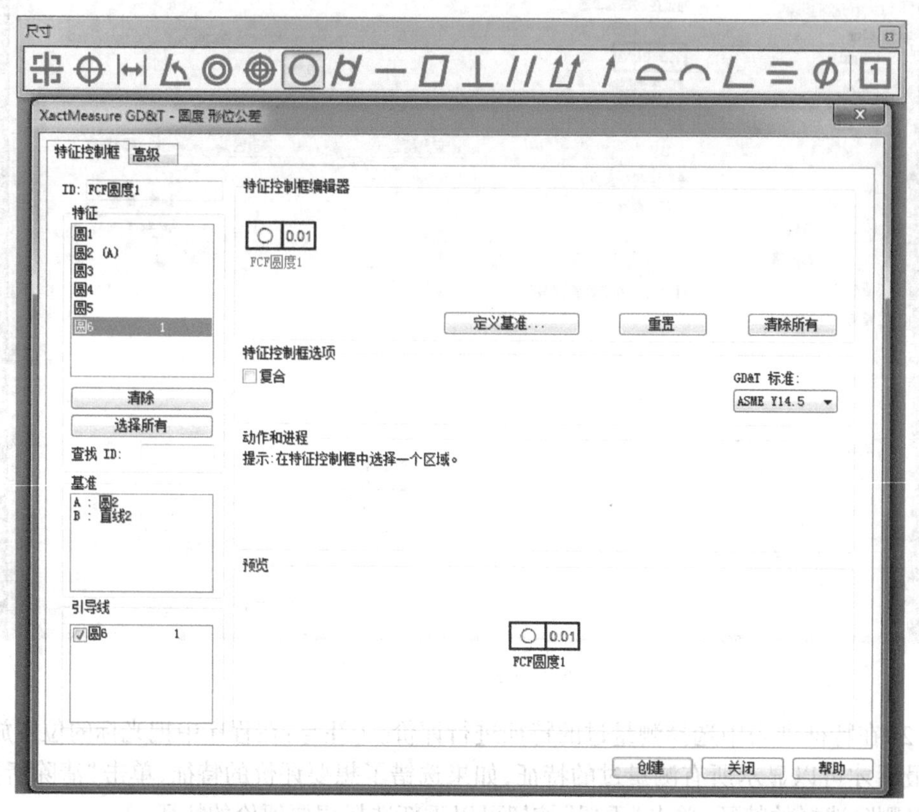

图 2-3-4 “圆度 形位公差”对话框

(1)从特征列表中选择特征尺寸。

(2)在特征控制框编辑器中键入正公差值。

(3)在“高级”选项卡的“单位”区域选择英制或公制。

(4)选择要将尺寸信息输出到何处,选择统计、报告、两者都或都不选项。

(5)通过报告文本分析和报告图形分析框,选择分析选项。如果选中“图形”复选框,那么需要输入箭头增益。

3. 距离的评价

评价圆 3 和圆 4 在 *Y* 轴方向和 *Z* 轴方向的距离,可使用“距离”功能。首先在菜单栏中选择“尺寸”→“距离”命令,弹出“距离”对话框,在界面指定位置分别选择“圆 3”和“圆 4”,并勾选“按 Y 轴”选项,完成相应结果的评价,如图 2-3-5 所示。

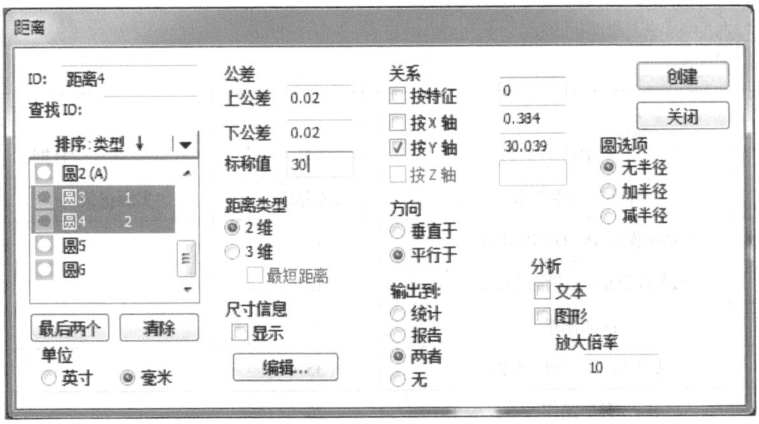

图 2-3-5　“距离”对话框

4. 圆柱度的评价

圆柱的测量方法、评价方法与圆的测量方法、评价方法类似，只是圆柱的测量至少需要测量两层，且必须确保第一层圆测量时点数足够后再移到第二层。计算圆柱的最少点数为 6 点（每截面圆 3 点）。控制创建的圆柱轴线方向规则与直线相同，即从起始端面圆指向终止端面圆的方向。在菜单栏中选择“尺寸”→“圆柱度”命令，弹出“圆柱度 形位公差”对话框，如图 2-3-6 所示。

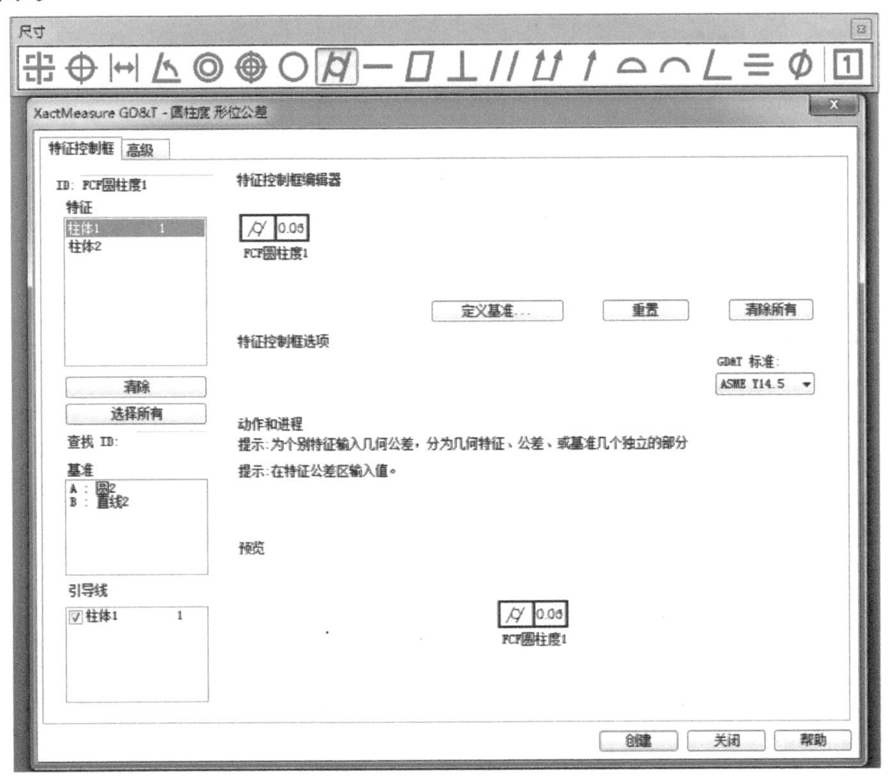

图 2-3-6　“圆柱度 形位公差”对话框

☑ 任务评价

<table>
<tr><td>任务</td><td colspan="7"></td></tr>
<tr><td>班级</td><td></td><td>学号</td><td></td><td>姓名</td><td></td><td>日期</td><td></td></tr>
<tr><td>项次</td><td colspan="3">项目与技术要求</td><td>参考分值</td><td colspan="2">实测记录</td><td>得分</td></tr>
<tr><td>1</td><td colspan="3">熟练操作 PC-DMIS 软件</td><td>10</td><td colspan="2"></td><td></td></tr>
<tr><td>2</td><td colspan="3">元素采集正确(错点、漏点)</td><td>15</td><td colspan="2"></td><td></td></tr>
<tr><td>3</td><td colspan="3">读懂图纸</td><td>20</td><td colspan="2"></td><td></td></tr>
<tr><td>4</td><td colspan="3">掌握特征评价的方法</td><td>35</td><td colspan="2"></td><td></td></tr>
<tr><td>5</td><td colspan="3">安全操作</td><td>20</td><td colspan="2"></td><td></td></tr>
<tr><td colspan="4">总计得分</td><td colspan="4"></td></tr>
<tr><td colspan="8">学生任务总结:</td></tr>
<tr><td colspan="8">教师点评:</td></tr>
</table>

任务 4　测量结果分析

☑ 任务内容

使用 PC-DMIS 软件，输出检测报告，完成几何误差数据的分析。

☑ 任务目标

（1）掌握输出检测报告的方法。
（2）能够进行几何误差数据分析。

☑ 任务准备

（1）文件准备：前序任务完成后的项目文件。
（2）设备准备：确认设备无故障。

☑ 任务步骤

（1）在菜单栏中选择“视图”→“报告窗口”命令，出现输出尺寸的报告预览窗口，如图 2-4-1 所示。

（2）在功能标签下选择“输出”，弹出“报告输出”对话框，选择保存路径，如图 2-4-2 所示。确定后输出 PDF 格式测量报告，如图 2-4-3 所示。

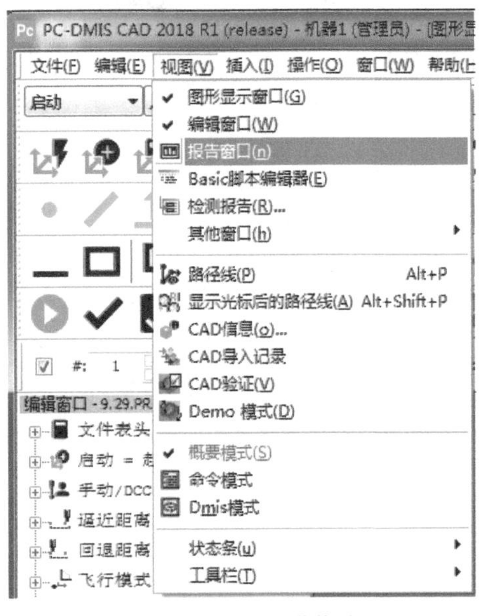

图 2-4-1　“视图”菜单

图 2-4-2　“报告输出”对话框

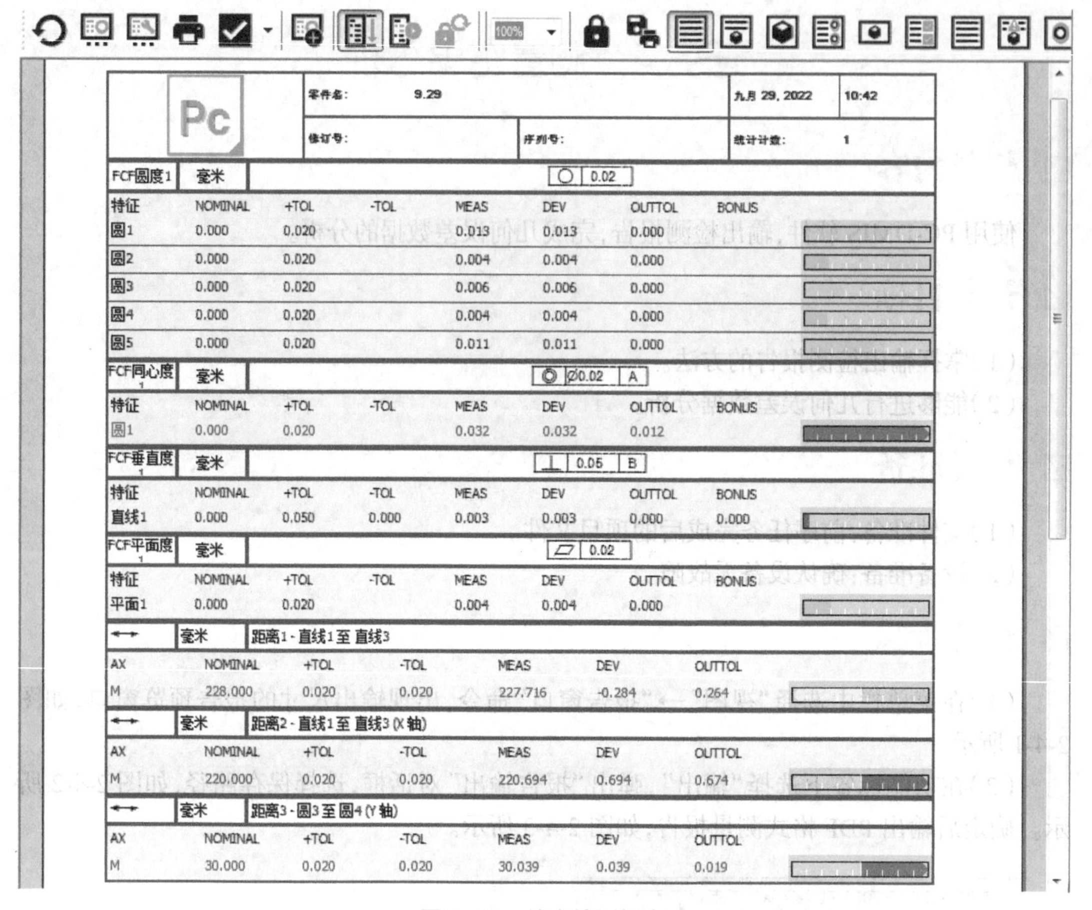

Pc	零件名: 9.29		九月 29, 2022	10:42
	修订号:	序列号:	统计计数:	1

FCF圆度1 毫米 ○ 0.02

特征	NOMINAL	+TOL	-TOL	MEAS	DEV	OUTTOL	BONUS
圆1	0.000	0.020		0.013	0.013	0.000	
圆2	0.000	0.020		0.004	0.004	0.000	
圆3	0.000	0.020		0.006	0.006	0.000	
圆4	0.000	0.020		0.004	0.004	0.000	
圆5	0.000	0.020		0.011	0.011	0.000	

FCF同心度1 毫米 ◎ Ø0.02 A

特征	NOMINAL	+TOL	-TOL	MEAS	DEV	OUTTOL	BONUS
圆1	0.000	0.020		0.032	0.032	0.012	

FCF垂直度1 毫米 ⊥ 0.05 B

特征	NOMINAL	+TOL	-TOL	MEAS	DEV	OUTTOL	BONUS
直线1	0.000	0.050	0.000	0.003	0.003	0.000	0.000

FCF平面度1 毫米 ▱ 0.02

特征	NOMINAL	+TOL	-TOL	MEAS	DEV	OUTTOL	BONUS
平面1	0.000	0.020		0.004	0.004	0.000	

毫米 距离1 - 直线1 至 直线3

AX	NOMINAL	+TOL	-TOL	MEAS	DEV	OUTTOL
M	228.000	0.020	0.020	227.716	-0.284	0.264

毫米 距离2 - 直线1 至 直线3 (X 轴)

AX	NOMINAL	+TOL	-TOL	MEAS	DEV	OUTTOL
M	220.000	0.020	0.020	220.694	0.694	0.674

毫米 距离3 - 圆3 至 圆4 (Y 轴)

AX	NOMINAL	+TOL	-TOL	MEAS	DEV	OUTTOL
M	30.000	0.020	0.020	30.039	0.039	0.019

图 2-4-3　输出检测报告

☑ 任务评价

任务							
班级		学号		姓名		日期	
项次	项目与技术要求			参考分值	实测记录		得分
1	遵守纪律、课堂互动			10			
2	输出测量报告			10			
3	平面度误差数据分析			40			
4	圆度误差数据分析			40			
总计得分							
学生任务总结：							
教师点评：							

从探月卫星“嫦娥一号”到“嫦娥三号”，从“神光”系列高功率激光实验装置到“天宫二号”空间冷原子钟，中国科学院上海光学精密机械研究所的沈良都是其中的功臣之一。历经30年，他从一名技校学徒，成长为承担国家重点工程的“大国工匠”。

勤动手

空间冷原子钟是“天宫二号”上的重要设备。发射前夕，冷原子钟遇到一段“小插曲”。中科院量子光学重点实验室主任刘亮回忆发射前的巡检发现，电控箱表面因做完冷热处理起了几个小气泡，虽然不影响冷原子钟正常运行，但为确保万无一失，刘亮还是决定把小气泡处理掉。

这是冷原子钟正样，一旦处理失误，没有时间重来，整个发射任务都可能推后。发射试验场没有实验室里可以借助的三坐标测量机，现场工程师都不知所措。最后是沈良带着临时赶制的简易测量机从上海奔赴发射基地。处理小气泡并不涉及复杂技艺，在实验室许多工程师都能解决。可在发射基地，面对正样，大家都犹豫了。沈良经验最丰富，操作最稳。这得益于他30年的磨砺。沈良说：“研究能力和动手能力是知识分子的一双翅膀，缺一不可。”

能吃苦

在试验车间里，沈良娴熟操作各种设备。沈良说：“干我们这行很苦，必须有耐心和定力。”能吃苦，意味着挥洒汗水的艰辛。能吃苦，意味着屡次失败后的坚持。沈良调试某卫星载荷的镜头近2个月，当大家都建议放弃时，沈良坚持测试并总结经验，终于发现问题。“失败是常有的，有时只要再坚持一下，可能就成功了。”

《中庸》里有句话：“人一能之，己百之；人十能之，己千之。果能此道矣，虽愚必明，虽柔必强。”意思是说，做一件事情，别人用一分的努力，我要用百分的努力；别人用十分的努力，我就要用千分的努力。如果真的能这样坚持下去，即使愚笨也能变得聪明，即使柔弱也能变得刚强。正是因为沈良具有这种潜心钻研的精神，通过几十年如一日的劳作和钻研，才能攻破一个又一个难关，取得一个又一个技术成果，从普通工人成长为技术领域的专家。

项目3　支撑座零件的编程测量

光电支撑座零件在检测设备中起到支撑滤光片的作用，其材质为铝合金，对尺寸公差和几何公差有一定的要求。本项目的内容是使用三坐标测量机（海克斯康 Globals-6/8/12），通过编程，完成对光电支撑座零件尺寸误差和几何误差项目的测量。

任务1　测量准备

☑ 任务内容

针对图 3-1-1 所示的光电支撑座零件图，梳理测量项，明确被测对象，确定零件装夹方案，校准所需测针。

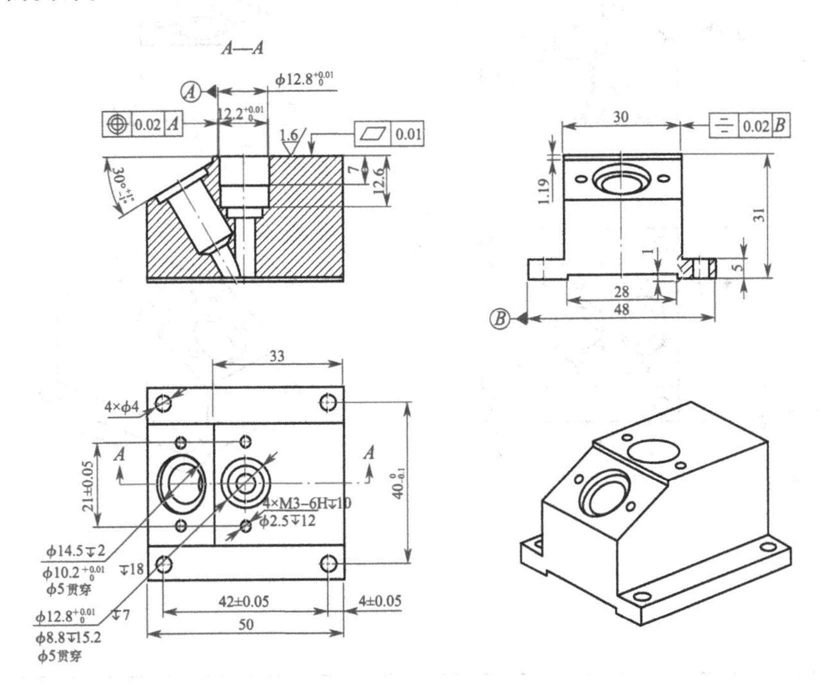

图 3-1-1　光电支撑座零件图（mm）

☑ 任务目标

（1）掌握分析图纸的方法，梳理测量项目，明确被测对象。

（2）能够正确装夹工件。

（3）能够正确校准测针。

☑ 任务准备

(1)设备准备:确认设备无故障。

(2)工件准备:清洁工件表面油污水渍,清除毛刺。

(3)图纸准备:图纸清晰、完整。

(4)探针准备:探针完好无损。

(5)参考球准备:清洁参考球。

☑ 任务步骤

(1)根据图纸要求,梳理测量项目。对测量项目进行梳理并编号,再对被测元素进行编号,如图 3-1-2 所示,形成表 3-1-1 所示的测量项目列表。

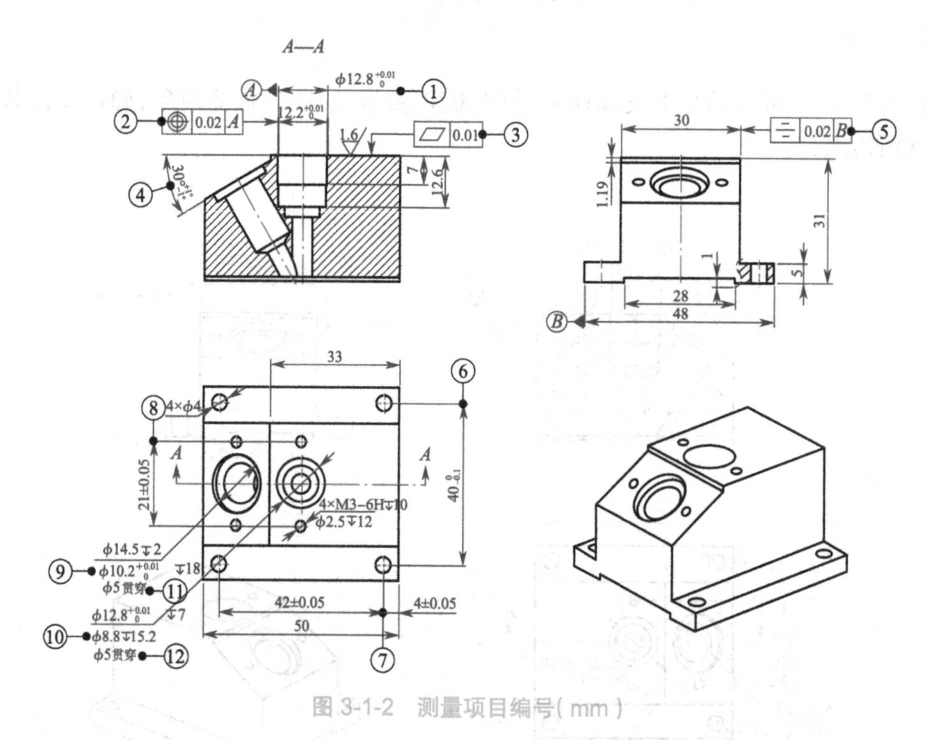

图 3-1-2 测量项目编号(mm)

表 3-1-1 测量项目

序号	测量项目	描述
1	$\phi12.8^{+0.01}_{0}$ mm	
2	同轴度 0.02 mm(基准 *A*)	
3	平面度 0.01 mm	
4	角度 30°	
5	对称度 0.02 mm(基准 *B*)	

续表

序号	测量项目	描述
6	孔距 $40_{-0.1}^{0}$ mm	
7	孔距（42 ± 0.05）mm	
8	孔距（21 ± 0.05）mm	
9	$\phi 10.2_{0}^{+0.01}$ mm	
10	$\phi 8.8_{0}^{+0.01}$ mm	
11	$\phi 5$ mm 贯穿	
12	$\phi 5$ mm 贯穿	

（2）根据测量元素，确定零件装夹方案。结合工件装夹的原则，采用图 3-1-3 所示的装夹方案，保证一次装夹可完成全部元素的测量。

图 3-1-3　工件装夹方案

（3）选择 B2Y60 测针，测量角度选用 1_A0B0、2_A0B30 两个方向，并进行校准。

☑ 任务评价

<table>
<tr><td>任务</td><td colspan="7"></td></tr>
<tr><td>班级</td><td></td><td>学号</td><td></td><td>姓名</td><td></td><td>日期</td><td></td></tr>
<tr><td>项次</td><td colspan="3">项目与技术要求</td><td>参考分值</td><td colspan="2">实测记录</td><td>得分</td></tr>
<tr><td>1</td><td colspan="3">遵守纪律、课堂互动</td><td>10</td><td colspan="2"></td><td></td></tr>
<tr><td>2</td><td colspan="3">梳理测量项目</td><td>10</td><td colspan="2"></td><td></td></tr>
<tr><td>3</td><td colspan="3">工件的定位与装夹</td><td>40</td><td colspan="2"></td><td></td></tr>
<tr><td>4</td><td colspan="3">测头校验</td><td>40</td><td colspan="2"></td><td></td></tr>
<tr><td colspan="4">总计得分</td><td colspan="4"></td></tr>
<tr><td colspan="8">学生任务总结：</td></tr>
<tr><td colspan="8">教师点评：</td></tr>
</table>

任务2　编写程序

☑ 任务内容

针对图3-1-1所示零件,完成探针的选型与校准;根据表3-1-1梳理的测量项目,完成元素的探测。

☑ 任务目标

(1)掌握建立基础坐标系的方法。

(2)了解测量特征及编辑测量策略的步骤。

(3)能够进行特征评价操作。

☑ 任务准备

(1)文件准备:前序任务完成后的项目文件。

(2)设备准备:确认设备无故障。

☑ 知识链接

1. 坐标系的定义

如果使用卷尺测量墙体的高度,那么应该是沿着和地面垂直的方向进行测量,而不是与地面倾斜一定角度进行测量。其实已经利用地面建立了一个坐标系,该坐标系的方向垂直于地面,而测量墙体的高度即是沿着这个方向得到的。墙体的高度是由地面开始计算的。同样道理,在测量一个工件时也必须建立一个参考方向。

2. 建立坐标系的必要性

当有了精密的测量机和测头系统后,要想最终得到正确的检测报告,就必须建立一个正确的零件坐标系。

零件在检验前必须有正确的装夹、足够的检测空间和恒温时间,同样也必须有一个测量机程序员进行操作。坐标系的建立是后续测量的基础,若建立错误的坐标系将直接导致测量尺寸的错误。因此,建立一个正确的参考方向即坐标系是非常关键和重要的。我们要用足够多的时间学习和理解坐标系的概念。

3. 建立坐标系

在三坐标测量机上进行三维尺寸测量时,建立坐标系需要分步进行,具体步骤为零件找正、旋转轴和设定原点。

1)零件找正

零件找正是建立坐标系的第一步,需要进行平面测量,找正零件,即确定第一轴线。

选择垂直于零件轴线的平面,而不是选择垂直于机器坐标轴的平面。如果这个平面上有灰尘或是零件放置不水平,那么将导致基准面测量不准确。

技术图纸上会给出哪一个面是基准面。如果没有指明,应测量表面比较好的平面,且测点尽可能均匀分布在整个平面上,如图 3-2-1 所示。测量一个平面至少需要 3 个点,一般情况可以测量更多的点参与平面的计算,此时才可以得到平面,并计算平面度。

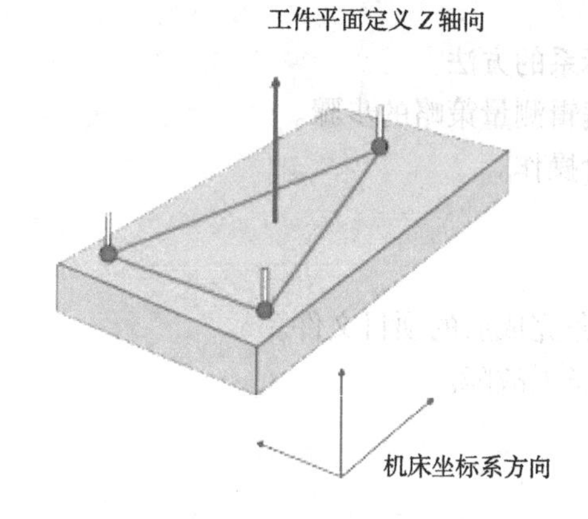

图 3-2-1　测量平面定义 Z 轴向

2)旋转轴

在确定第一轴线和参考平面后,就可以进行建立坐标系的第二步——旋转轴,即确定第二轴向。

在刚才讨论的坐标系下,要将机器的轴向与零件的一个轴向联系起来,可以选择一个经过精加工的面或两个孔组成一条直线。

选择一个光洁的经过精加工的平面是很重要的,一个粗糙的边是不能用于建立坐标系的,否则将影响坐标系的精度。除非确定机器的轴向与零件的轴向是完全一致的,否则不建立零件坐标系就进行测量将是错误的。

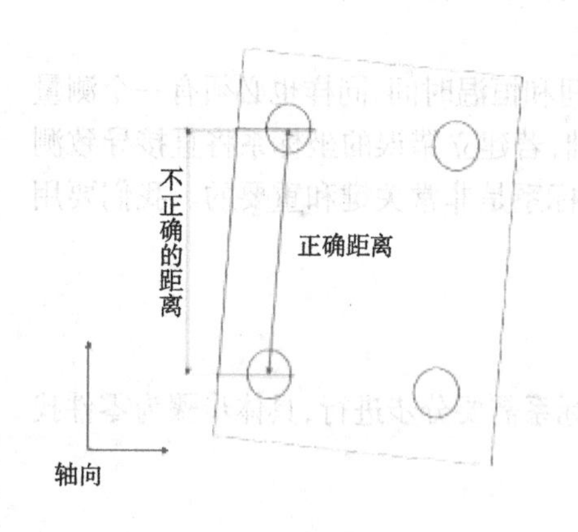

图 3-2-2　设定旋转轴

下面用两个孔的中心连线来确定零件的第二轴向,在软件中利用这条线进行旋转,将引起测量机坐标轴的旋转,旋转到这条连线上,可与零件坐标系的方向一致,如图 3-2-2 所示。因为 X、Y、Z 三个轴线是互相垂直的,因此一旦确定了两个轴线,第三个轴线也就是唯一不变的了,便没有必要再确定第三个轴线了。

3)设定原点

原点处于蓝色标记处,如图 3-2-3 所示,其坐标

值为 X=0，Y=0 和 Z=0。有时它必须从已知的特征进行偏置，软件能很方便地实现。设置零件的正确轴向和原点后，一个坐标系就建立完毕了。

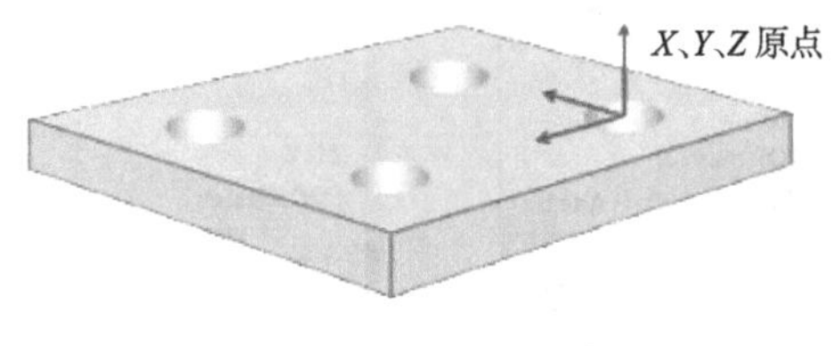

图 3-2-3　设定原点

☑ 任务步骤

1. 建立基础坐标系

下面利用 PC-DMIS 建立一个坐标系，使用上表面作为 Z 的正方向，用两个圆的圆心连线旋转，用一个圆的圆心设定原点。下面的例子需要将 PC-DMIS 切换到手动模式，即[手动模式图标]。

1）找正零件

（1）在上平面上至少测量 3 个点，创建 PLN1，用于找正 Z 向以及确定 Z 轴原点，如图 3-2-4 所示。

图 3-2-4　测量上平面

（2）在菜单栏中选择“插入”→“坐标系”→“新建”命令（图 3-2-5），弹出“坐标系功能”对话框，如图 3-2-6 所示。

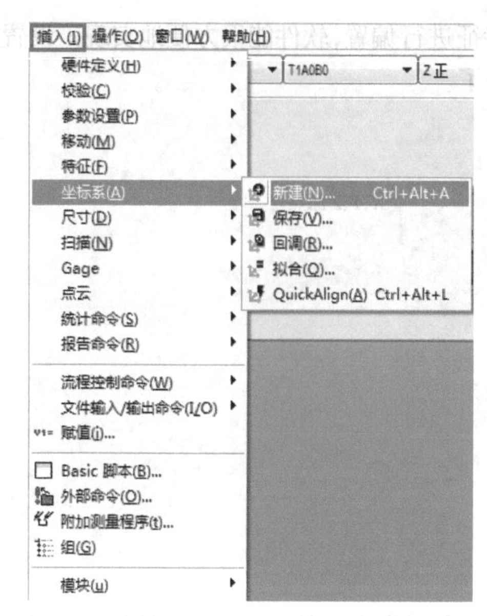

图 3-2-5 坐标系路径

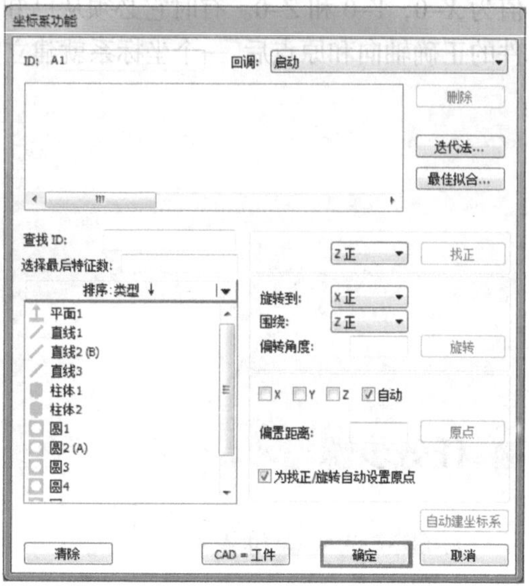

图 3-2-6 "坐标系功能"对话框

(3)选择平面 1(平面 1 处于突出显示),在"找正"按钮左侧下拉列表框中选择"Z 正",再单击"找正"按钮。

(4)PC-DMIS 将在零件上测量出的平面 1 的法线矢量方向作为 Z 轴的方向,在左上角窗口中显示"Z 正找正到平面标识=平面 1",如图 3-2-7 所示。

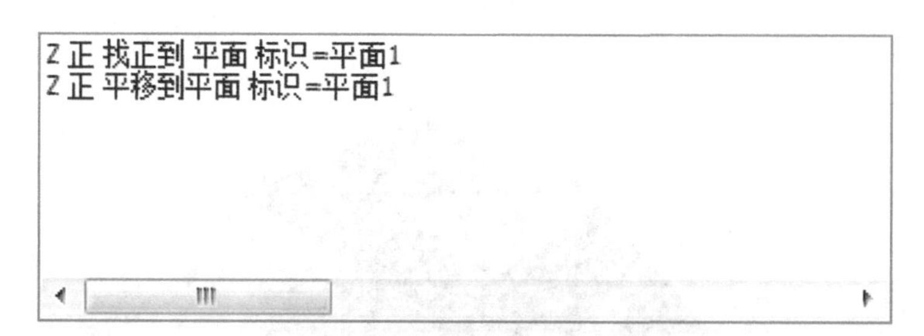

图 3-2-7 坐标系窗口显示

在这一步也可以设置 Z 轴的原点。单击特征列表中的特征平面 1,勾选"原点"按钮上方的"Z"复选框,再单击"原点"按钮,左上角窗口中显示"Z 正平移到平面标识=平面 1"。

(5)单击"确定"按钮,将看到程序返回到编辑窗口。

2)锁定旋转方向

此时零件可以自由旋转,在处于最前面的一个面上建立一条直线,如图 3-2-8 所示。触测点的顺序对于要建立的直线的矢量是很关键的,在本例中触测点的顺序是从左到右,可建立第二条轴"X+"。

图 3-2-8　测量直线

在菜单栏中选择“插入”→“坐标系”→“新建”命令，并在特征列表中单击直线 1 使其突出显示，在“旋转到”的下拉列表框中选择“X 正”；在“围绕”的下拉框中选择“Z 正”，然后单击“旋转”按钮，如图 3-2-9 所示。

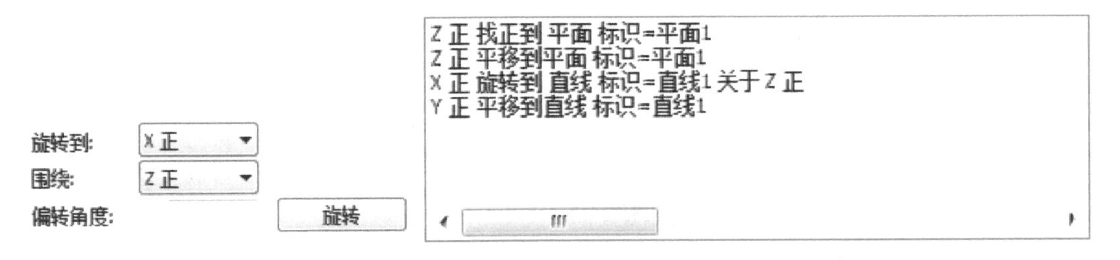

图 3-2-9　坐标系创建

在这一步也可以设置 Y 轴的原点。单击特征列表中的特征直线 1，勾选“原点”按钮上方的“Y”复选框，再单击“原点”按钮，左上角窗口便会显示“X 正旋转到直线标识=直线 1”“Y 正平移到直线标识=直线 1”。

单击“确定”按钮，将看到程序返回到编辑窗口。

3）设定原点

现在还需要设定 X 轴原点的特征。在零件正面圆孔测量一个圆，得到特征点（圆心），就能用于设定 X 轴原点，如图 3-2-10 所示。

图 3-2-10　设定原点

在菜单栏中选择“插入”→“坐标系”→“新建”命令，并在特征列表中单击点 1 使其突出显示，勾选“原点”按钮上方的“X”复选框，再单击“原点”按钮，左上角窗口显示“X 正平移到点标识=点 1”，如图 3-2-11 所示。

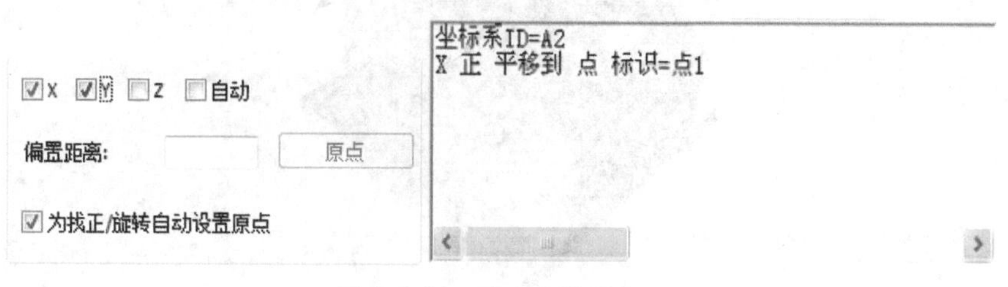

图 3-2-11 建立坐标系窗口

单击“确定”按钮，将看到程序返回到编辑窗口。

4)“图形显示”窗口

“图形显示”窗口可以很直观地显示已经存在的特征的位置，以及利用这些特征所建立的坐标系的方向等，如图 3-2-12 所示。

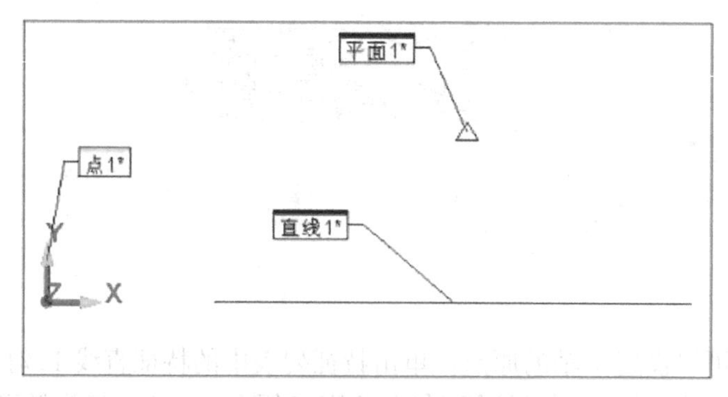

图 3-2-12 “图形显示”窗口

2. 测量特征元素

(1)测量“$\phi12.8_{0}^{+0.01}$”特征，在特征工具栏中单击“自动特征测量圆”，弹出“自动特征”对话框，按照图 3-2-13 所示内容定义圆 1 的直径特征。

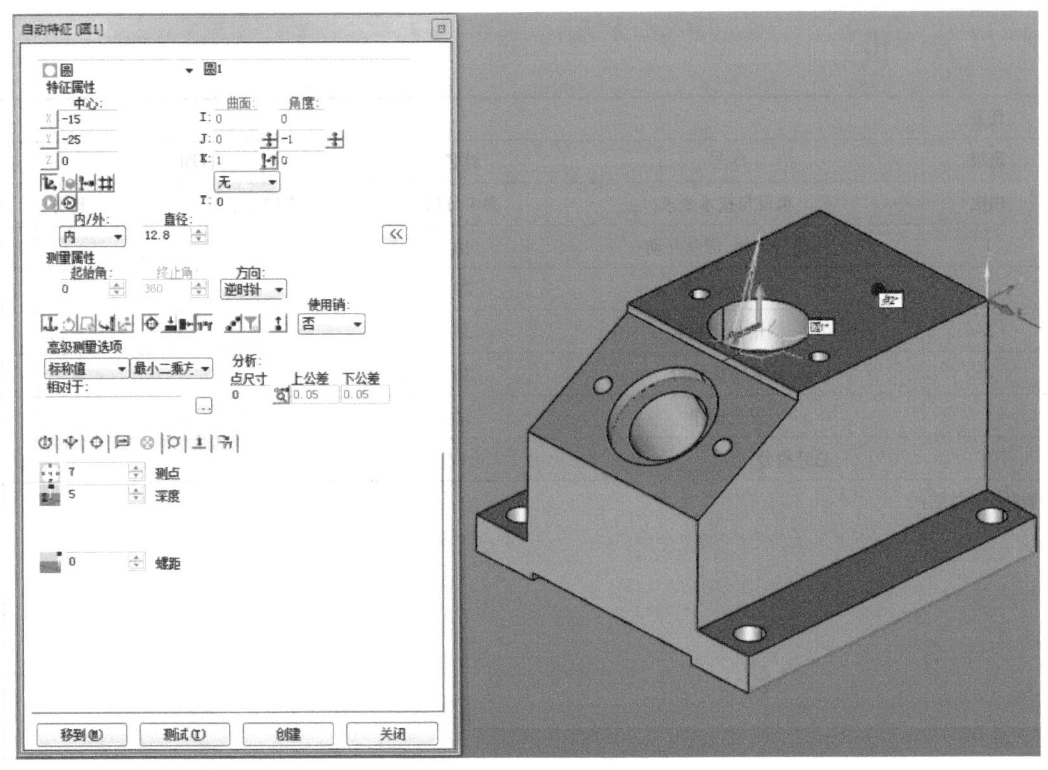

图 3-2-13 定义“$\phi12.8^{+0.01}_{0}$”特征

（2）测量“同轴度 0.02（基准 A）”特征。

（3）测量“平面度 0.01”特征。

（4）测量“角度 30°”特征。

（5）测量“对称度 0.02（基准 B）”特征。

（6）测量“孔距 $40^{0}_{-0.1}$”特征。

（7）测量“孔距 42 ± 0.05”特征。

（8）测量“孔距 21 ± 0.05”特征。

（9）测量“$\phi10.2^{+0.01}_{0}$”特征。

（10）测量“$\phi8.8^{+0.01}_{0}$”特征。

（11）测量“$\phi5$ 贯穿”特征。

（12）测量“$\phi5$ 贯穿”特征。

☑ 任务评价

<table>
<tr><td>任务</td><td colspan="6"></td></tr>
<tr><td>班级</td><td></td><td>学号</td><td></td><td>姓名</td><td></td><td>日期</td><td></td></tr>
<tr><td>项次</td><td colspan="3">项目与技术要求</td><td>参考分值</td><td colspan="2">实测记录</td><td>得分</td></tr>
<tr><td>1</td><td colspan="3">遵守纪律、课堂互动</td><td>10</td><td colspan="2"></td><td></td></tr>
<tr><td>2</td><td colspan="3">建立坐标系</td><td>20</td><td colspan="2"></td><td></td></tr>
<tr><td>3</td><td colspan="3">测量几何元素</td><td>30</td><td colspan="2"></td><td></td></tr>
<tr><td>4</td><td colspan="3">元素特征评价</td><td>30</td><td colspan="2"></td><td></td></tr>
<tr><td>5</td><td colspan="3">安全操作</td><td>10</td><td colspan="2"></td><td></td></tr>
<tr><td colspan="4">总计得分</td><td colspan="4"></td></tr>
<tr><td colspan="8">学生任务总结：</td></tr>
<tr><td colspan="8">教师点评：</td></tr>
</table>

任务 3　输出测量结果

☑ 任务内容

针对图 3-1-1 所示零件,完成所有几何元素测量,并评价特征,最后输出测量报告。

☑ 任务目标

(1)掌握同轴度特征评价的方法。
(2)掌握角度特征评价的方法。
(3)掌握对称度特征评价的方法。
(4)能够输出测量报告。

☑ 任务准备

(1)文件准备:前序任务完成后的项目文件。
(2)设备准备:确认设备无故障。

☑ 任务步骤

(1)进行角度特征评价,如图 3-3-1 所示。

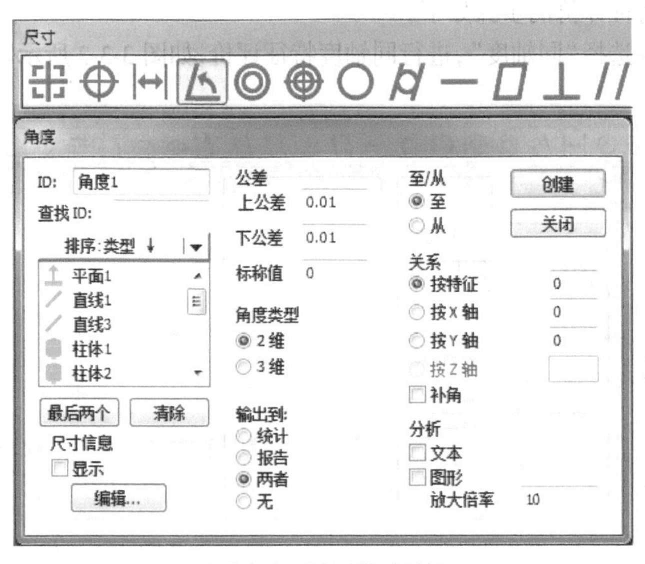

图 3-3-1　“角度”对话框

(2)进行对称度特征评价,如图 3-3-2 所示。

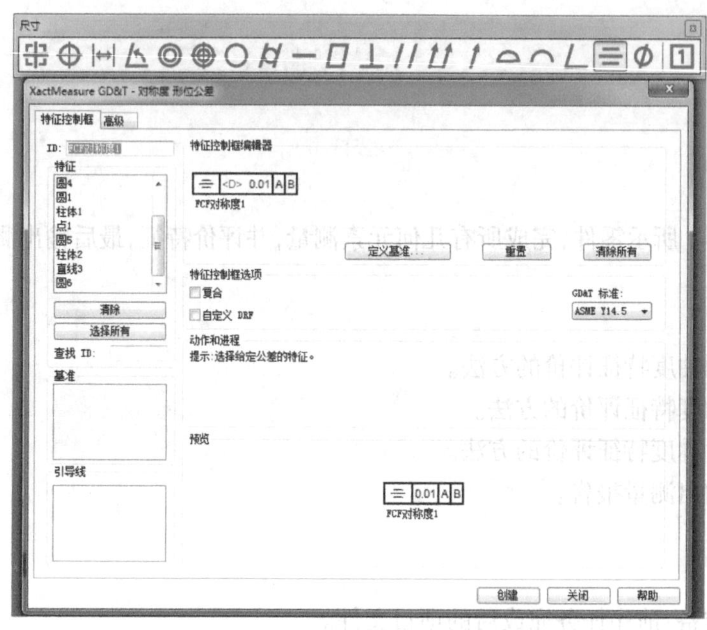

图 3-3-2 “对称度 形位公差”对话框

（3）进行同轴度特征评价。同轴度用于评价圆柱、圆锥或线相对于基准轴线的偏离程度，其公差带是圆柱公差带。在使用时要注意是单一基准还是公共基准，这需要根据图纸要求确定。若基准轴线比较短，同轴度相差较大，则需要考虑是否建立公共基准。

进行同轴度特征评价的步骤如下。

①从子菜单中选择“同轴度”，进行同轴度特征评价，如图 3-3-3 所示。

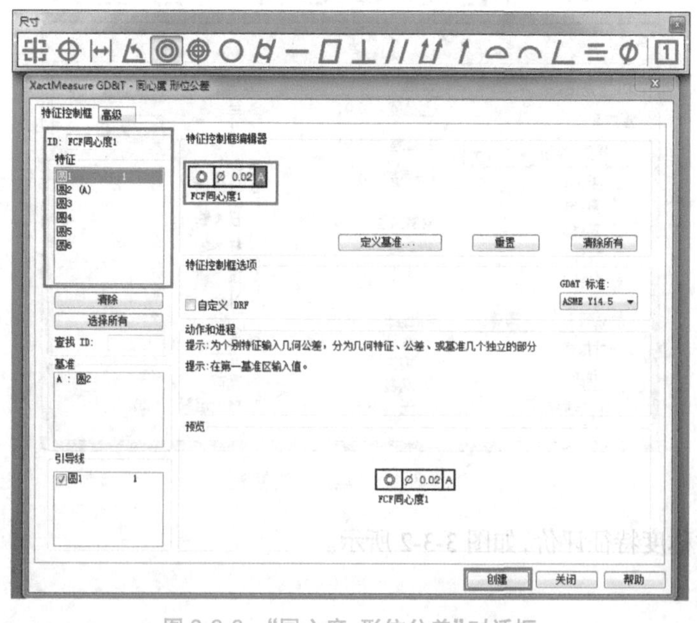

图 3-3-3 “同心度 形位公差”对话框

②选择“定义基准”,根据实际情况定义基准,如图3-3-4所示。

图3-3-4 “基准定义”对话框

③从特征列表中选择特征尺寸。

④在特征控制框编辑器中键入正公差值。

⑥在“高级”选项卡的“单位”区域中选择英制或公制。

⑦选择要将尺寸信息输出到何处,选择统计、报告、两者都或都不选项。

⑧通过报告文本分析和报告图形分析框,选择想要分析的选项,如果选中“图形”复选框,那么需要输入箭头增益。

⑨单击“创建”按钮。

【扫码查看使用三坐标测量机检测零件对称度】

☑ 任务评价

<table>
<tr><td>任务</td><td colspan="7"></td></tr>
<tr><td>班级</td><td></td><td>学号</td><td></td><td>姓名</td><td></td><td>日期</td><td></td></tr>
<tr><td>项次</td><td colspan="3">项目与技术要求</td><td>参考分值</td><td colspan="2">实测记录</td><td>得分</td></tr>
<tr><td>1</td><td colspan="3">遵守纪律、课堂互动</td><td>10</td><td colspan="2"></td><td></td></tr>
<tr><td>2</td><td colspan="3">同轴度形位公差评价</td><td>30</td><td colspan="2"></td><td></td></tr>
<tr><td>3</td><td colspan="3">对称度形位公差评价</td><td>30</td><td colspan="2"></td><td></td></tr>
<tr><td>4</td><td colspan="3">角度特征评价</td><td>20</td><td colspan="2"></td><td></td></tr>
<tr><td>5</td><td colspan="3">安全操作</td><td>10</td><td colspan="2"></td><td></td></tr>
<tr><td colspan="4">总计得分</td><td colspan="4"></td></tr>
<tr><td colspan="8">学生任务总结：</td></tr>
<tr><td colspan="8">教师点评：</td></tr>
</table>

任务 4　测量结果分析

☑ 任务内容

使用 PC-DMIS 软件,输出检测报告,完成几何误差数据的分析。

☑ 任务目标

(1)能够输出检测报告。
(2)完成几何误差数据的分析。

☑ 任务准备

(1)文件准备:前序任务完成后的项目文件。
(2)设备准备:确认设备无故障。

☑ 知识链接

检测数据不但可以提供单一零件的测量报告,同时对批量零件的测量结果也可以进行数据分析和产品质量监控及评估,用于指导加工、设计部门调整和改进产品质量。CP、CPK、UCL、LCL 等参数报告如图 3-4-1 和图 3-4-2 所示。

对于批量加工和测量的数据,按照工艺和设计部门要求,进行各种控制图分析,从整体、批量数据评估和总结产品质量及改进方向。

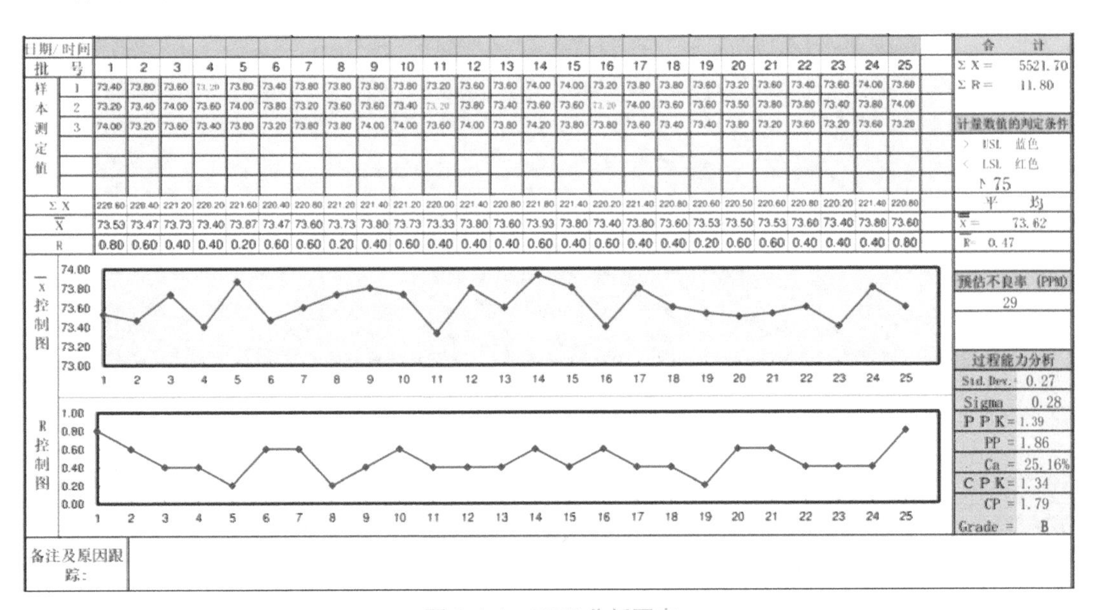

日期/时间																									
批号	1	2	3	4	5	6	7	8	9	10	11	12	13	14	15	16	17	18	19	20	21	22	23	24	25
样本测定值 1	73.40	73.80	73.60	73.20	73.80	73.40	73.80	73.80	73.80	73.80	73.20	73.60	73.60	74.00	74.00	73.20	73.80	73.80	73.60	73.20	73.60	73.40	73.60	74.00	73.60
2	73.20	73.40	74.00	73.60	74.00	73.80	73.20	73.60	73.60	73.40	73.20	73.80	73.40	73.60	73.60	73.20	74.00	73.60	73.60	73.50	73.80	73.80	73.40	73.80	74.00
3	74.00	73.20	73.60	73.40	73.80	73.20	73.80	73.80	74.00	74.00	73.60	74.00	73.80	74.20	73.80	73.80	73.60	73.40	73.40	73.80	73.20	73.60	73.20	73.60	73.20
ΣX	220.60	220.40	221.20	220.20	221.60	220.40	220.80	221.20	221.40	221.20	220.00	221.40	220.80	221.80	221.40	220.20	221.40	220.80	220.60	220.50	220.60	220.80	220.20	221.40	220.80
$\overline{X}$	73.53	73.47	73.73	73.40	73.87	73.47	73.60	73.73	73.80	73.73	73.33	73.80	73.60	73.93	73.80	73.40	73.80	73.60	73.53	73.50	73.53	73.60	73.40	73.80	73.60
R	0.80	0.60	0.40	0.40	0.20	0.60	0.60	0.20	0.40	0.60	0.40	0.40	0.40	0.60	0.40	0.60	0.40	0.40	0.20	0.60	0.60	0.40	0.40	0.40	0.80

图 3-4-1　CPK 分析图表

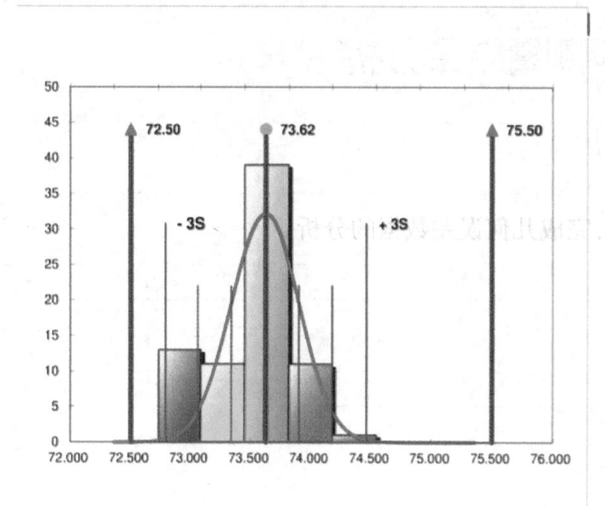

总组数 (Sub Group)	25
总数 (Count)	75
平均值 (Average)	73.62
最小值 (Minimum)	73.20
最大值 (Maximum)	74.20
中位数 (Median)	73.60
子組数大小(n)	3
规格上限 USL	75.50
规格下限 LSL	72.50
控制上限UCL (X)	74.10
控制下限LCL (X)	73.14
标准差 (Std. Dev.)	0.27
标准差 (Sigma Hat)	0.28
偏离(Skewness)	-0.14
峰度 (Kurtosis)	-0.92
预估不良率 (PPM) (Out of Spec.)	29
Ca	25.16%
CPU	2.24
CPL	1.34
Cp	1.79
Cpk	1.34

图 3-4-2 CPK 分析柱状图

☑ 任务步骤

(1)检查测量报告中的尺寸是否有超差尺寸。

(2)如果有超差尺寸,分析超差的合理性。

(3)检查工件尺寸超差位置是否有异常,例如:测量表面是否有异物、工件是否紧固。

(4)重新清洁和紧固后,再测一次,对比两次测量的重复性。

(5)判断测量结果的合理性。

☑ 任务评价

任务						
班级		学号		姓名		日期
项次	项目与技术要求			参考分值	实测记录	得分
1	遵守纪律、课堂互动			10		
2	平行度误差数据分析			25		
3	垂直度误差数据分析			25		
4	角度误差数据分析			25		
总计得分						
学生任务总结：						
教师点评：						

精密仪器仪表产业是“工业强基”之基，是制造实现突破的基础支撑和核心关键。我们常说推动制造业高质量发展，那高质量产品如何完成？这需要对制造全过程进行严格精密测量，并依据测量数据不断改进和完善工艺，包括材料加工工艺、零件加工工艺和装配工艺。谁的测量数据更精准、更全面，谁在各个工艺环节上做得更扎实、更精益求精，谁的产品质量就更胜一筹。作为三坐标行业的“国家制造业单项冠军企业”——海克斯康的精密测量瞄准“世界之最”。

正所谓“失之毫厘，差之千里”。对于航空叶片等一些航空小零部件而言，看似很小的偏差也会影响整架飞机的质量。海克斯康推出了矩阵式叶片测量方案，采用三坐标测量机，应用柔性矩阵式夹具及独立研发的矩阵式测量软件，可实现叶片类小型零部件的批量检测，测量过程还能在软件中直观显示，一键式测量，极大提升了检测效率，而且精度极高，最高精度能达到 0.3 μm。1 μm 大概是一根头发丝直径的 1/70，0.3 μm 意味着测量精度约等于头发丝直径的 1/233。

在中国超级海上风机项目中，海克斯康的高精度三坐标测量机以亚微米的精度实现了超大齿轮的超高精度检测任务，就好像是在直径 3 km 的平整地面上检测一个沙粒高度的凸起。在精密仪器仪表行业，海克斯康发挥自身优势资源，精准把握产业发展趋势，积极进行新兴行业与垂直领域的产业创新，推动以质量为核心的智能制造，为中国制造业发展贡献力量。

从海克斯康的事迹中，我们看到了“大国工匠”们不断进取的创新精神。作为新时代青年，在自己的专业领域里也要追求突破，追求革新，创新创造，用双手托举起中国制造的未来。

项目4　轴承盖零件的手动测量

对轴承盖零件的尺寸公差和几何公差通常是有一定要求的。本项目的内容是使用三坐标测量机(蔡司 CONTURA 7/10/6),对轴承盖零件进行手动测量,完成轴承盖零件尺寸误差和形位误差的测量。

任务1　测量准备

☑ 任务内容

熟悉测量机的基本操作,针对图 4-1-1 所示的轴承盖零件图,梳理测量项目,明确被测对象,完成零件的装夹。

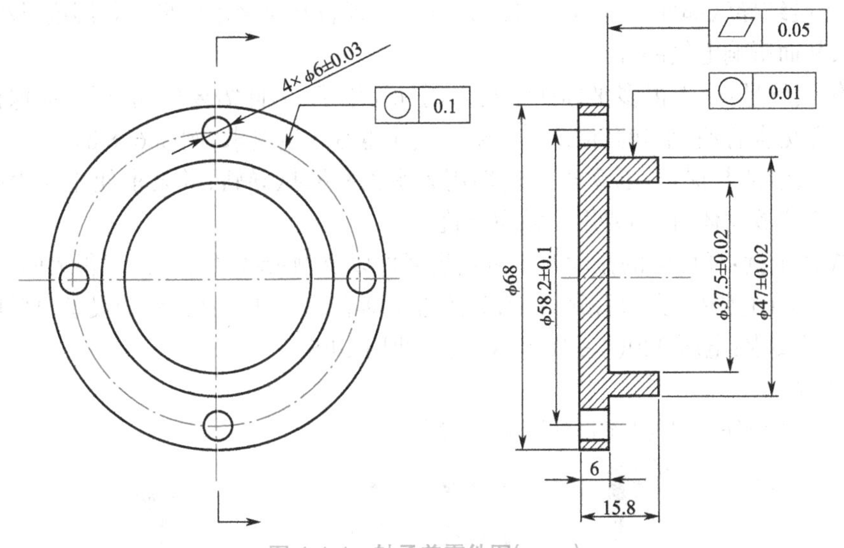

图 4-1-1　轴承盖零件图(mm)

☑ 任务目标

(1)了解坐标测量机使用环境的要求。

(2)熟悉坐标测量机的基本操作。

(3)能够正确读图,并梳理测量项目。

(4)掌握工件的装夹方法。

☑ 任务准备

（1）设备准备：确认设备无故障。

（2）工件准备：清洁工件表面，无油污、水渍，清除毛刺。

（3）图纸准备：图纸清晰、完整。

☑ 知识链接

1. 硬件相关操作及要求

1）测量机使用环境的要求

蔡司三坐标测量机 CONTURA 7/10/6，X、Y、Z 轴的行程分别为 700 mm、1 000 mm、600 mm，探测误差为 1.7 μm。三坐标测量机是一种高精度的检测设备，环境的好坏对于测量机的正常工作至关重要，其中包括温度、湿度、供气质量、导轨清洁与保护、振动、电源等因素。

（1）温度要求：计量标准温度为 20 ℃，常用坐标测量机的环境温度范围为 18~22 ℃。

（2）湿度要求：通常坐标测量机湿度范围要求为 40%~60%。若湿度过大，水汽会在坐标测量机上凝结导致部件生锈，同时也可能导致大理石基座吸水变形。若湿度过小，可能会引起静电，从而影响电气部件。

（3）供气质量：由于很多坐标测量机采用气浮轴承，因此需要压缩空气，应保证压缩空气的清洁，避免含有油、水和其他杂质。供气气压也有一定要求，例如 6~8 bar。

（4）导轨清洁与保护：通常建议定期用无水乙醇擦拭导轨，并要求使用无尘纸单面擦拭，导轨上不要放物体，且不要用手触摸导轨。

（5）振动干扰：环境中的振动对于测量机部件以及测量精度都会造成很大的影响，因此测量室不应建在有强振源、高噪声区域，如附近不能有冲床、压力机、锻造设备、打桩机等。

（6）电源要求：电压 220（1 ± 10%）V，建议使用 UPS。

2）开机流程

蔡司三坐标测量机开机流程如图 4-1-2 所示。

1. 打开气源，确认气压（4.8~6 bar）

2. 打开控制柜开关

3. 打开机器电源驱动开关

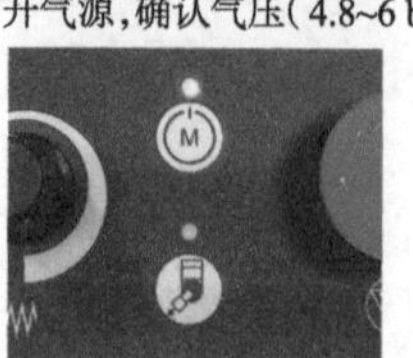
4. 待控制面板灯不再闪烁，打开机器驱动开关

5. 双击打开软件

6. 机器回零

图 4-1-2　开机流程

3)关机流程

蔡司三坐标测量机关机流程如图4-1-3所示。

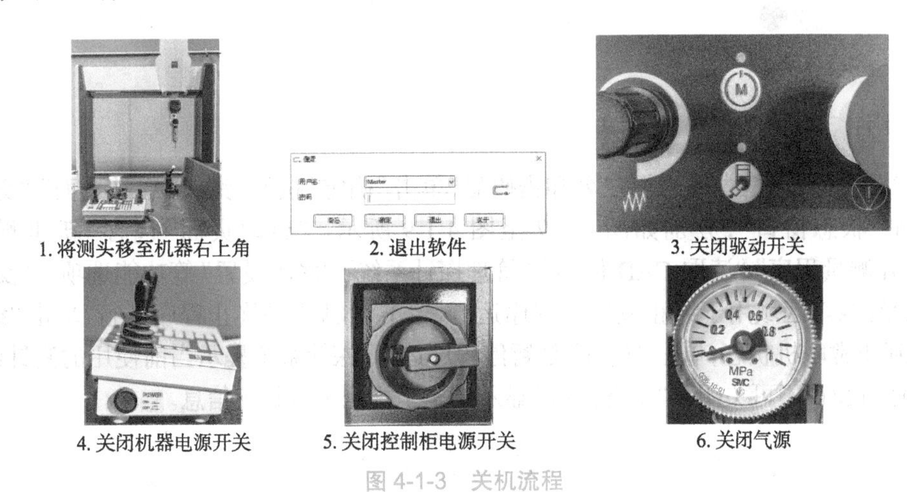

1. 将测头移至机器右上角
2. 退出软件
3. 关闭驱动开关
4. 关闭机器电源开关
5. 关闭控制柜电源开关
6. 关闭气源

图4-1-3 关机流程

4)操作面板

操作面板常用功能如图4-1-4所示。

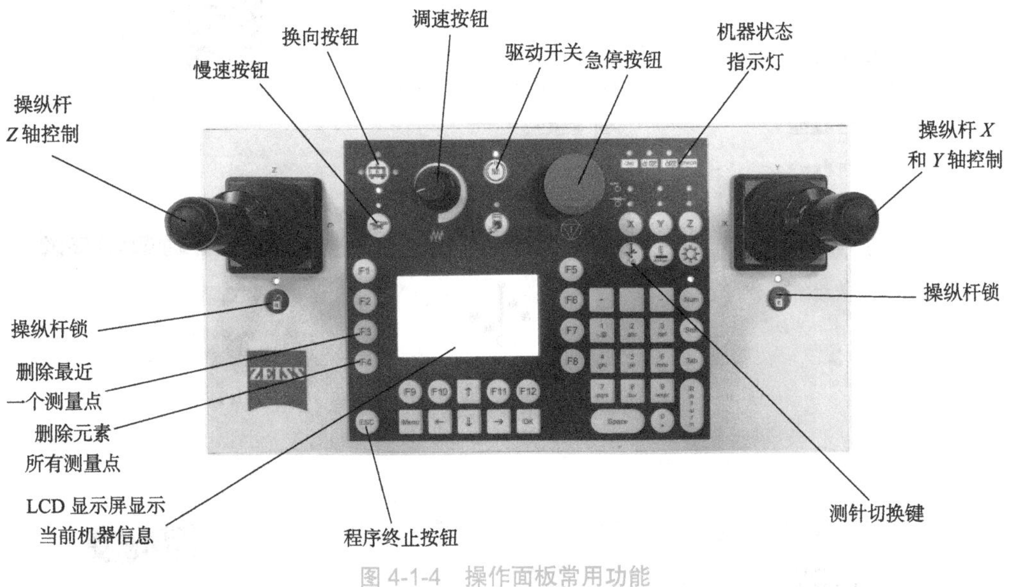

图4-1-4 操作面板常用功能

2. 软件操作

1)启动CALYPSO软件

双击图4-1-5所示的“CALYPSO”软件图标,弹出“登录”对话框,如图4-1-6所示。

图 4-1-5 软件图标

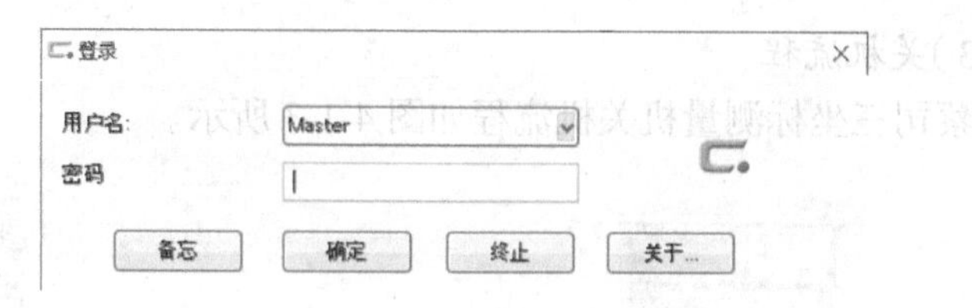

图 4-1-6 “登录”对话框

在“登录”对话框中输入用户名和密码后，单击“确定”按钮，弹出“启动页面”“交通灯窗口”和“状态窗口”，分别如图 4-1-7 至图 4-1-9 所示。“启动页面”包含“新建测量程序”“打开测量程序”“读取 CAD 模型”“管理探针系统”“修改设置”等功能选项。“交通灯窗口”的红绿灯区域用于终止或恢复程序运行，单击“红灯”是终止程序运行，单击“绿灯”是恢复到正常联机状态，单击“黄灯”是暂停程序运行，探针系统提示当前使用的测针编号，注意交通灯窗口不可关闭。“状态窗口”显示的是坐标测量机状态信息。

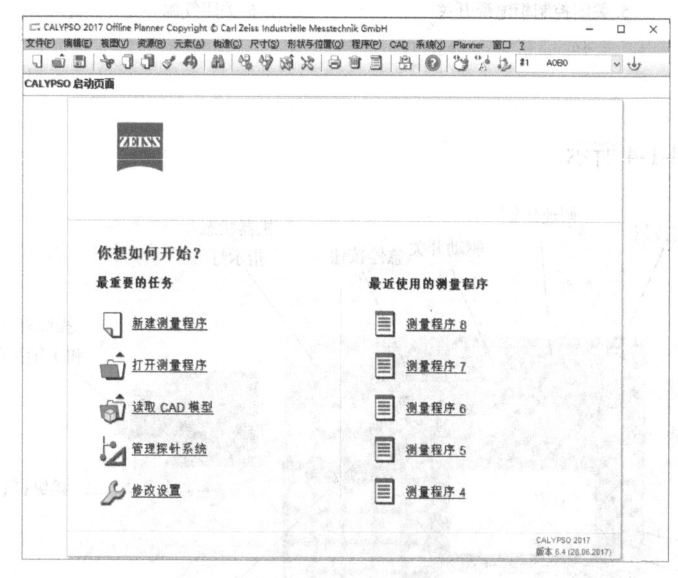

图 4-1-7 启动页面

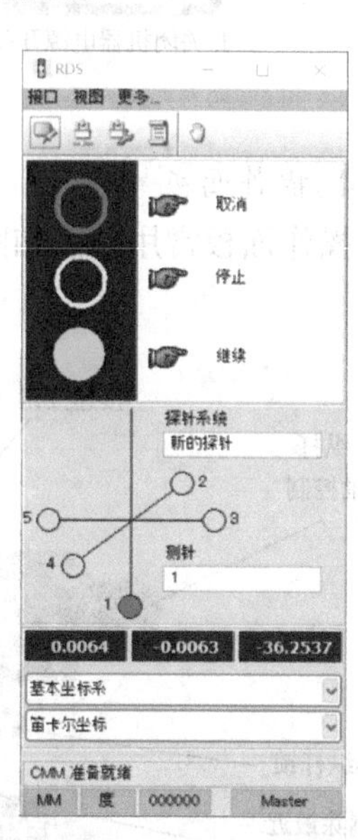

图 4-1-8 交通灯窗口

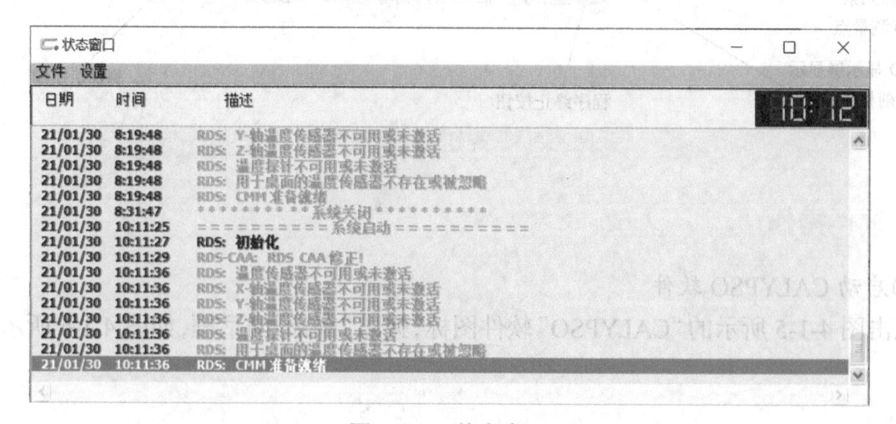

图 4-1-9 状态窗口

2)新建/打开测量程序

在"启动页面"单击"新建测量程序"选项,可新建测量程序,新建的"测量程序界面"如图 4-1-10 所示。若单击"启动页面"的"打开测量程序"选项,可打开已有的测量程序。

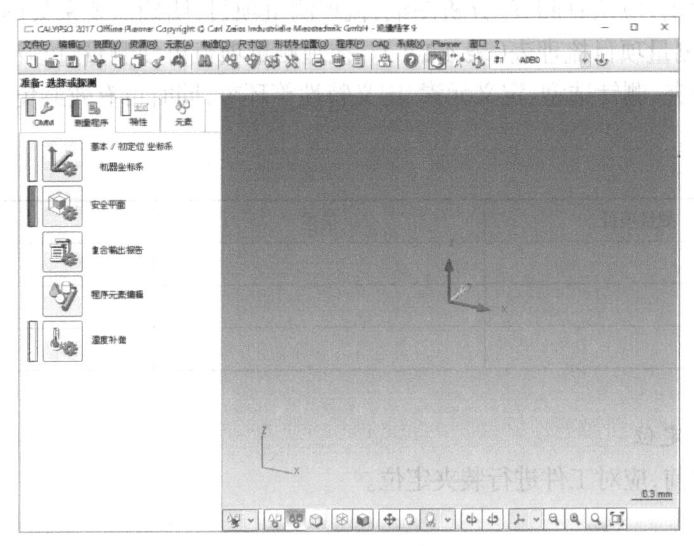

图 4-1-10　测量程序界面

3)保存测量程序

在"测量程序界面"完成编程或其他操作后,可以对文件进行保存,保存时可以在菜单栏中选择"文件"→"保存"命令,也可以在工具栏中单击"保存"按钮,或直接使用【Ctrl+S】快捷键,即可将文件保存到默认的目录。如果需要将当前文件保存到其他文件夹或保存为另外一个文件,可以在菜单栏中选择"文件"→"另存为"命令。

4)测量程序界面介绍

"测量程序界面"各区域名称如图 4-1-11 所示。

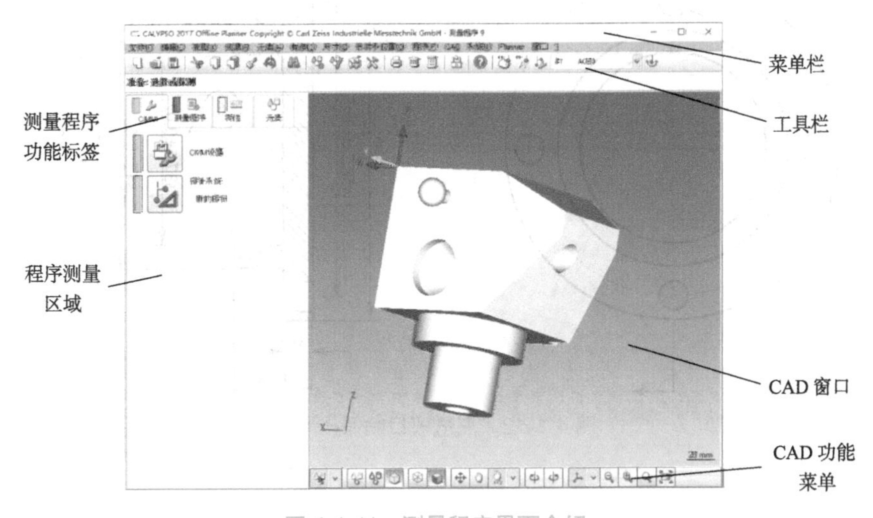

图 4-1-11　测量程序界面介绍

3. 检测规划

1)梳理测量项目

开始测量之前,应认真阅读、分析图纸,梳理测量项目,明确需要采集的元素,并对元素进行编号,形成测量项目梳理表(表 4-1-1)。梳理测量项目可使测量过程清晰有序,有效指导后续的工件装夹、测针选型、定义元素、定义特性等环节,同时可有效避免漏检。

表 4-1-1 测量项目

序号	测量项目	描述	备注
1			
2			
⋮			

2)工件装夹定位

开始测量之前,应对工件进行装夹定位。

☑ 任务步骤

1. 梳理测量项目

根据图纸要求,梳理测量项目。对测量项目进行梳理并编号,再并对被测元素进行编号,分别如图 4-1-12 和图 4-1-13 所示,形成表 4-1-2 所示的测量项目列表。

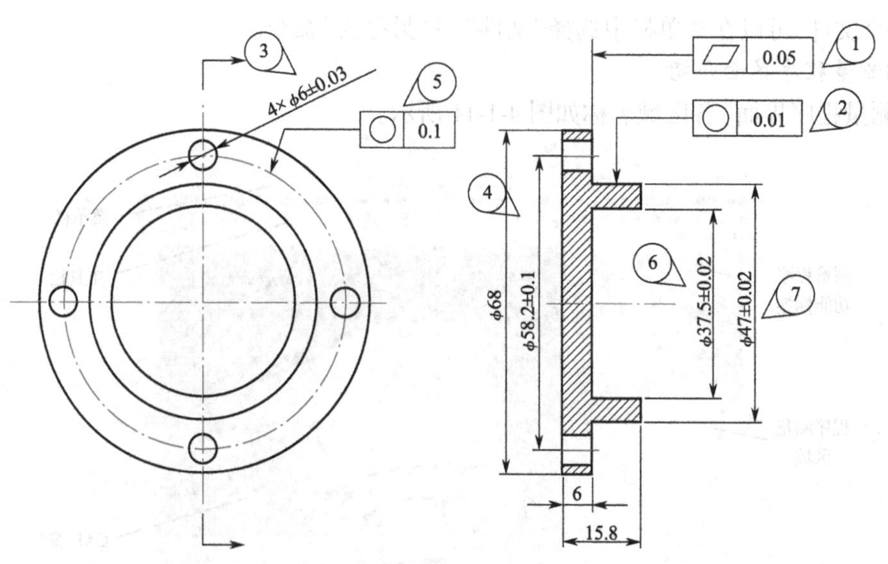

图 4-1-12 测量项目编号(mm)

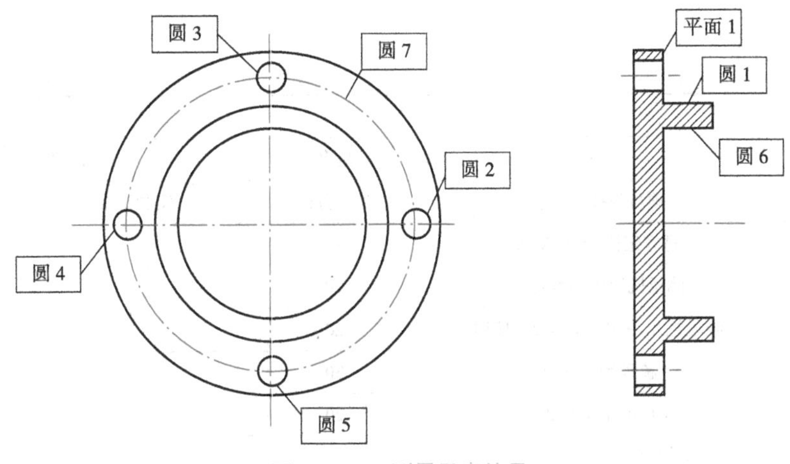

图 4-1-13　测量元素编号

表 4-1-2　测量项目

序号	测量项目	描述
1	平面度 0.05 mm	平面 1 平面度
2	圆度 0.01 mm	圆 1 所在圆柱截面圆的圆度
3	($4\times\phi6\pm0.03$)mm	圆 2、圆 3、圆 4、圆 5 直径
4	($\phi58.2\pm0.1$)mm	圆 2、圆 3、圆 4、圆 5 的圆心构成的节圆直径
5	圆度 0.1 mm	圆 2、圆 3、圆 4、圆 5 的圆心构成的节圆圆度
6	($\phi37.5\pm0.02$)mm	圆 6 直径
7	($\phi47\pm0.02$)mm	圆 1 直径

2. 根据测量元素，确定零件装夹方案

结合工件装夹原则，采用图 4-1-14 所示的装夹方案，保证一次装夹可完成全部元素的测量。

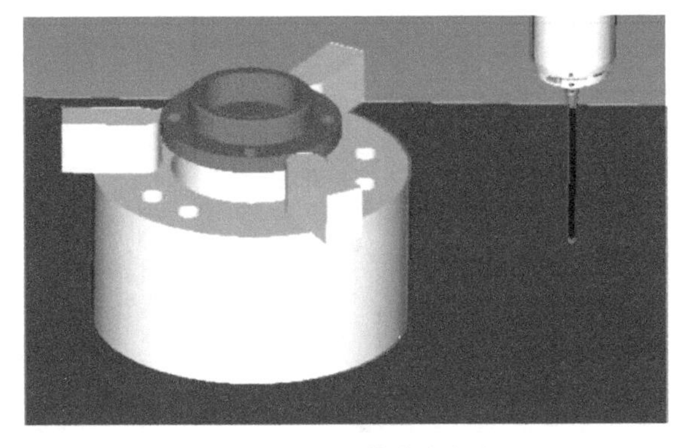

图 4-1-14　工件装夹方案

☑ 任务评价

<table>
<tr><td>任务</td><td colspan="7"></td></tr>
<tr><td>班级</td><td></td><td>学号</td><td></td><td>姓名</td><td></td><td>日期</td><td></td></tr>
<tr><td>项次</td><td colspan="3">项目与技术要求</td><td>参考分值</td><td colspan="2">实测记录</td><td>得分</td></tr>
<tr><td>1</td><td colspan="3">遵守纪律、课堂互动</td><td>10</td><td colspan="2"></td><td></td></tr>
<tr><td>2</td><td colspan="3">测量机使用环境要求</td><td>20</td><td colspan="2"></td><td></td></tr>
<tr><td>3</td><td colspan="3">测量机开、关机，操作面板使用</td><td>20</td><td colspan="2"></td><td></td></tr>
<tr><td>4</td><td colspan="3">梳理测量项目</td><td>30</td><td colspan="2"></td><td></td></tr>
<tr><td>5</td><td colspan="3">工件的定位与装夹</td><td>20</td><td colspan="2"></td><td></td></tr>
<tr><td colspan="4">总计得分</td><td colspan="4"></td></tr>
<tr><td colspan="8">学生任务总结：</td></tr>
<tr><td colspan="8">教师点评：</td></tr>
</table>

任务 2　手动测量

☑ 任务内容

针对图 4-1-1 所示零件,完成探针选型与校准;根据表 4-1-2 梳理的测量项目和图 4-1-13 测量元素编号,完成元素的探测。

☑ 任务目标

(1)了解探针系统的基本组成。
(2)熟悉 RDS 测座的 A 角和 B 角。
(3)掌握探针的选型和校准方法。
(4)能够手动操作测量机探测元素。

☑ 任务准备

(1)探针准备:探针完好无损。
(2)参考球准备:参考球清洁无污。

☑ 知识链接

1. 探针校准

1)探测系统

以 RDS+VAST XXT 探针系统为例进行介绍。其组成包括 RDS 测座、适配器、VAST XXT 传感器、吸盘和探针等五部分,如图 4-2-1 所示。

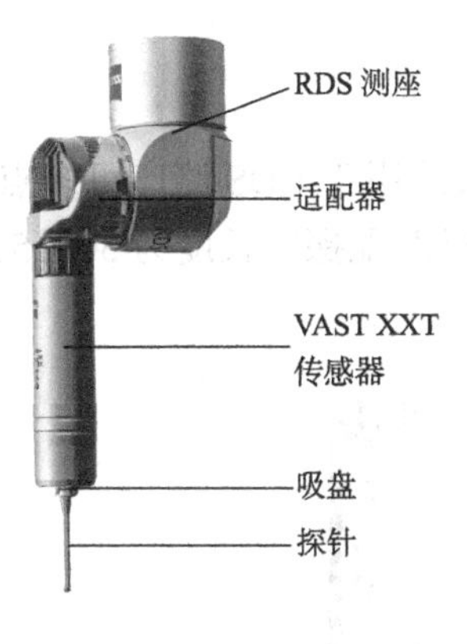

图 4-2-1　探针系统组成

【扫码查看活学活用探针系统】

Ⅰ. RDS 测座

蔡司 RDS 动态旋转测座(图 4-2-2),采用侧面旋转技术的动态旋转测座在两个方向均

可以实现 ±180° 旋转，步距角为 2.5°，空间旋转位置可达 20 736 个。采用计算机辅助分析(Computer Aided Analysis，CAA)技术，极大地节约了探针校准与检测时间。

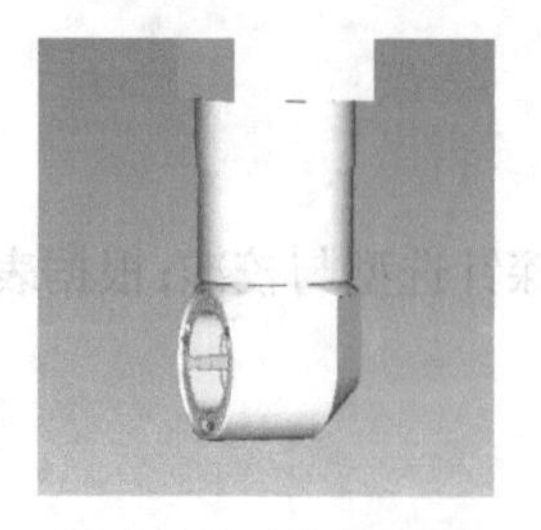

图 4-2-2 RDS 测座

关于 A 角和 B 角，从机器的正前方观察，图 4-2-3 所示的 A 角和 B 角均为 0°。

A 角从图示状态绕机器 Z 轴旋转，右手拇指指向 $-Z$ 轴，四指弯曲方向为正方向。

B 角从图示状态绕机器 Y 轴旋转，右手拇指指向 $-Y$ 轴，四指弯曲方向为正方向。

例如，图 4-2-3 中测座沿箭头方向旋转，A/B 角逐渐增大，0° → 180°，步距角为 2.5°；测座沿箭头相反方向旋转，A/B 角逐渐减小，0° → −180°，步距角为−2.5°。

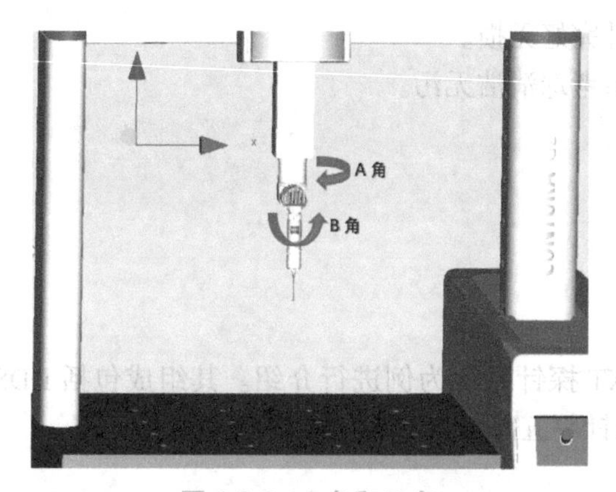

图 4-2-3 A 角和 B 角

Ⅱ.VAST XXT 传感器

VAST XXT 传感器如图 4-2-4 所示，适用于 RDS 测座可多点探测及扫描的探头系统，扫描速率最高可达 150 点/s。不同型号可匹配探针长度为 30~150 mm，探针最大质量为 15 g(包含吸盘)，探针最小直径为 0.3 mm。

图 4-2-4 VAST XXT 传感器

Ⅲ. 探针

探针和延长杆参数如图 4-2-5 和图 4-2-6 所示，测针各参数含义见表 4-2-1。

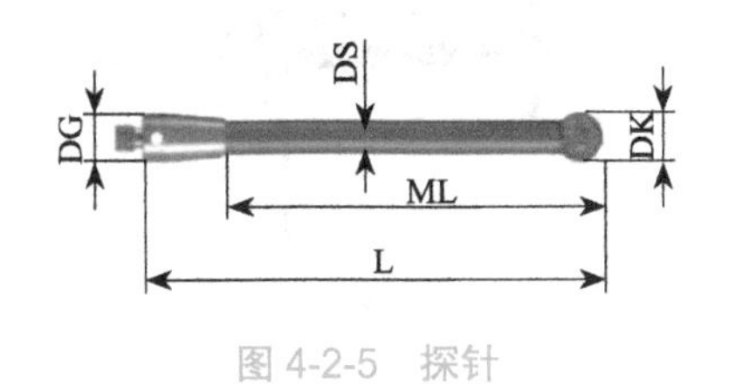

图 4-2-5 探针

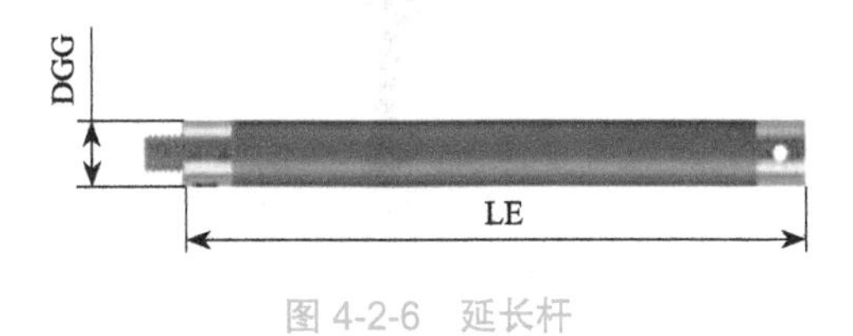

图 4-2-6 延长杆

表 4-2-1 测针参数含义

序号	测量项目	描述
1	L	总长度
2	ML	有效长度
3	LE	延长杆的测量长度
4	DS	杆的直径
5	DGG	延长杆的直径
6	DK	探针球的直径
7	DG	底座的直径

2）探针选型

按照 VAST XXT 探针目录选择探针，探针选型应遵循以下原则。

（1）探针长度尽可能短，探针杆尽可能粗。因为探针越细长，弯曲或变形量越大，则精度越低。

（2）要减少连接。每增加一个测针与测针杆的连接都可能会降低探针稳定性。

（3）要选择合适的测球直径。测球过小容易产生干涉，测球过大则会带来更明显的机械滤波效果。一般直径为 2~5 mm 的探针较为常用。

（4）遵守厂家对接针长度的要求，例如 XXT TL3 侧面接针应小于 65 mm。

3）探针校准

Ⅰ. 探针校准的目的

（1）确定探针之间的相对位置。

（2）确定测针的有效直径，确定测杆弯曲补偿。

Ⅱ. 探针校准步骤

探针分为主探针和工作探针，分别如图 4-2-7 和图 4-2-8 所示。主探针主要用于参考球定位，不用于测量工件，而工作探针用于测量工件。探针校准的步骤为先校准主探针，再校准工作探针。

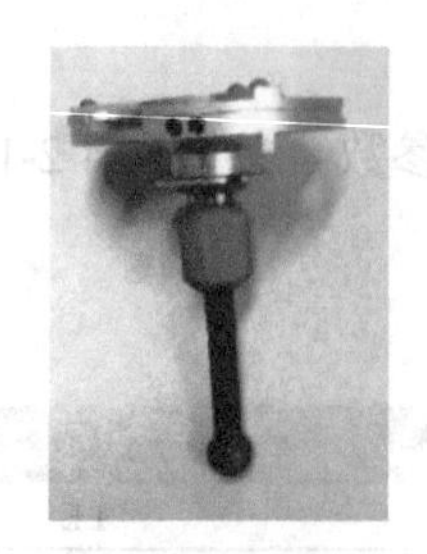

图 4-2-7 主探针

图 4-2-8 工作探针

Ⅰ)校准主探针

手动将主探针安装在探头上,在坐标测量机功能标签下单击“探针系统”图标,弹出“探针校准”对话框,如图 4-2-9 所示。

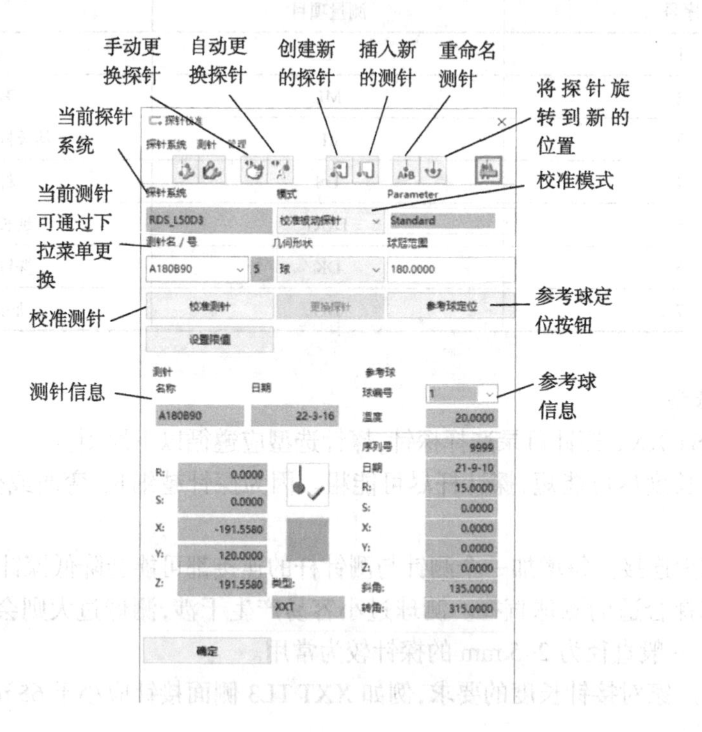

图 4-2-9 “探针校准”对话框

在“探针校准”对话框单击“手动更换探针”按钮,在弹出的对话框中,单击“安装探针”按钮;在弹出的“请求”对话框中,单击“确定”按钮;在弹出的“选择探针”对话框中,选择“主探针”,单击“确定”按钮,完成主探针的安装,如图 4-2-10 所示。

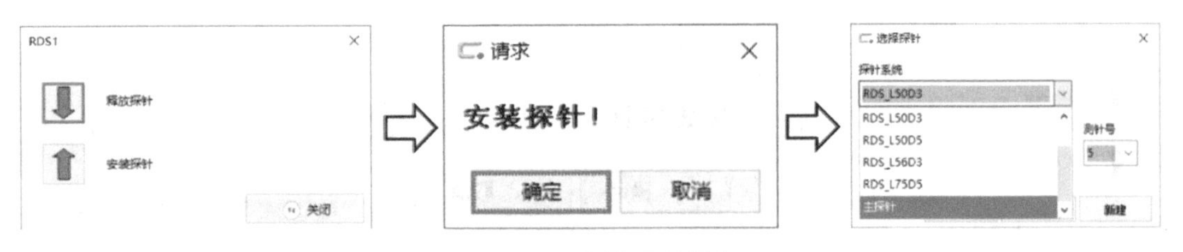

图 4-2-10　更换探针操作

在“探针校准”对话框单击“参考球定位”按钮参考球定位，在弹出的对话框中，需要选择参考球的摆放角度。参考球的角度包括斜角和转角，斜角为参考球支撑杆与立柱之间的夹角，转角为在 XY 平面内支撑杆以球心为原点顺时针旋转到+X 轴的角度，如图 4-2-11 所示。

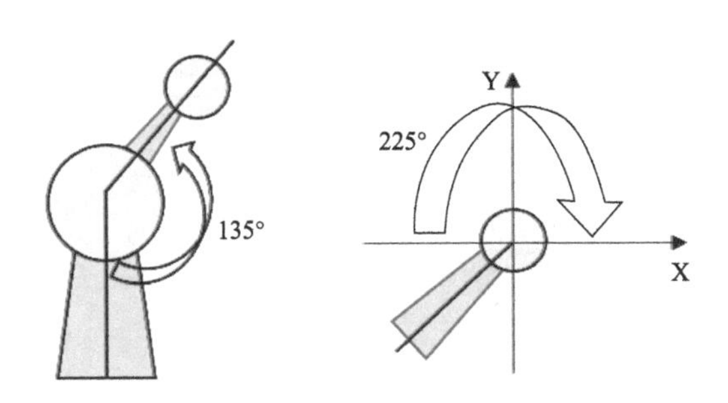

图 4-2-11　选择参考球定位

斜角通常为 135°，确认转角的简便方法为操作人员站在机器的正前方，俯视校准球的摆放，确保校准球与对话框界面中的摆放方位一致，单击“确定”按钮，然后在弹出的对话框中单击“确定”按钮，弹出提示“请沿着测杆的方向探测”，如图 4-2-12 所示。通过手柄控制测量机，沿着−Z 方向在标准球的最高位置采集一个点，系统自动完成主探针的校准。

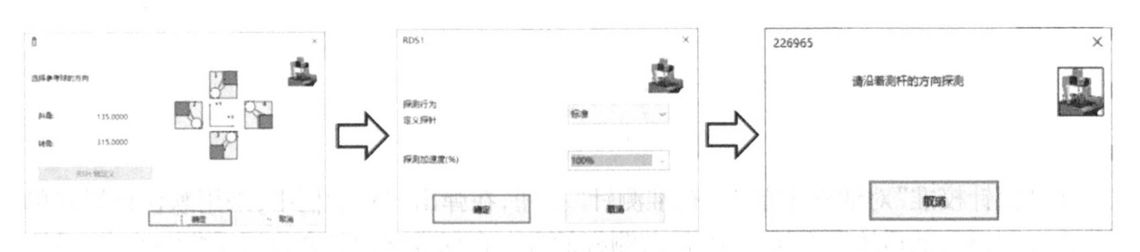

图 4-2-12　主探针校准

主探针校准完成后，“探针校准”对话框中会显示其相关参数。对于主探针，标准偏差 S 应小于一定范围，通常应小于 0.001 mm，如果 S 偏大，需重新校准。S 较大的主要原因为主探针或标准球有污渍，或探针、传感器松动，可用无水乙醇和无尘布擦拭或拧紧后重新校准。

Ⅱ)校准工作探针

手动将工作探针组装完成，并安装在探头上。在“探针校准”对话框中单击“手动更换探针”按钮，在弹出的对话框中，单击“安装探针”按钮，在弹出的“请求”对话框中，单击“确定”按钮，系统弹出“选择探针”对话框，此时可以在“探针系统”下拉菜单中选择已经创建的探针，如图 4-2-13 所示。

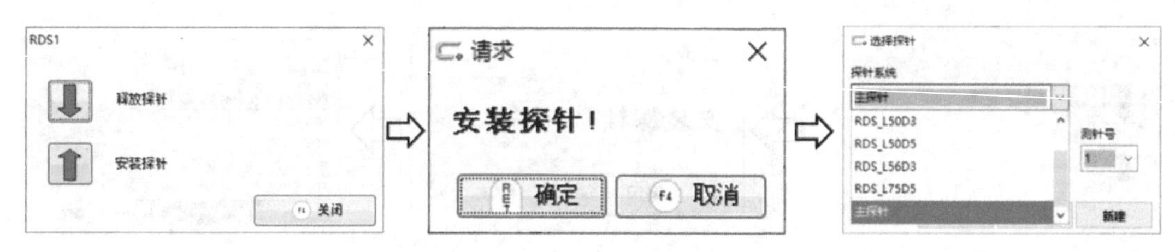

图 4-2-13 选择工作探针

如果没有合适的探针供选择,也可进行创建。在"探针校准"对话框单击"创建新的探针"按钮,弹出"创建新的探针"对话框,在该对话框中输入探针名称和测针名称,例如探针名称"L56D3"和测针名称"A0B0",选择测针号"1",单击"确定"按钮,完成新探针的创建,如图 4-2-14 所示。

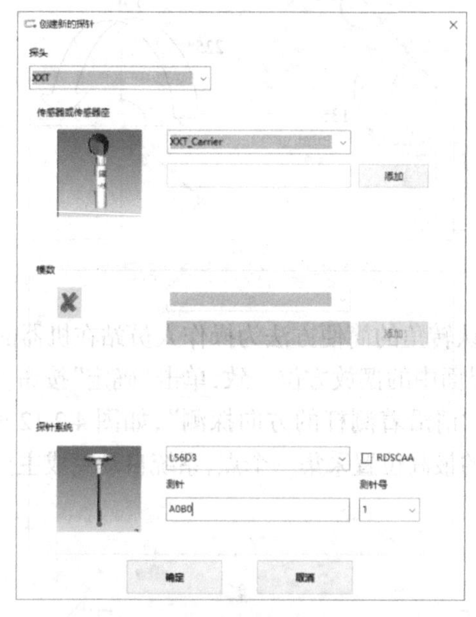

图 4-2-14 创建新的探针

在"探针校准"对话框中单击"校准测针"按钮,在弹出的对话框中,采用默认设置并单击"确定"按钮,然后按照系统提示,沿着测杆的方向在标准球的最高位置采集一个点,系统自动完成工作探针 A0B0 的校准,如图 4-2-15 所示。

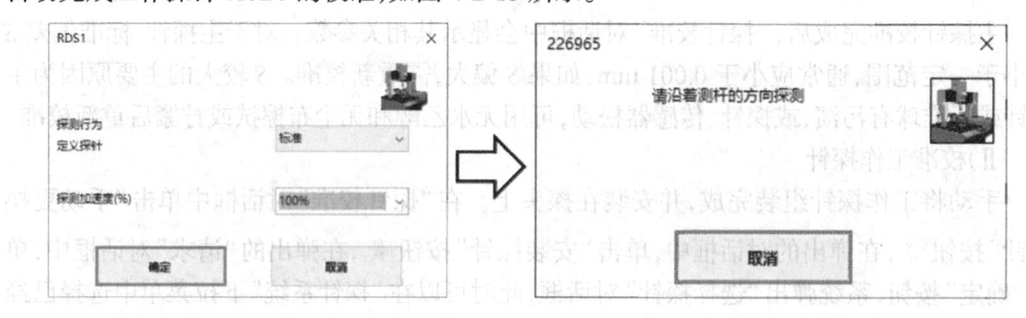

图 4-2-15 校准工作探针

工作探针校准完成后，“探针校准”对话框会显示其相关参数。对于工作探针，标准偏差 S 应小于一定范围，例如刚性较好的测针校准结果通常小于 0.002 mm(刚性差的测针可能会大一些)，如果 S 偏大，则需重新校准。

Ⅲ)增加新的测针并校准

在“探针校准”对话框中单击“插入新的测针”按钮，弹出“创建新的测针”对话框，在该对话框中输入测针名称，例如“A-90B90”，测针号“2”，如图 4-2-16 所示，单击“确定”按钮。

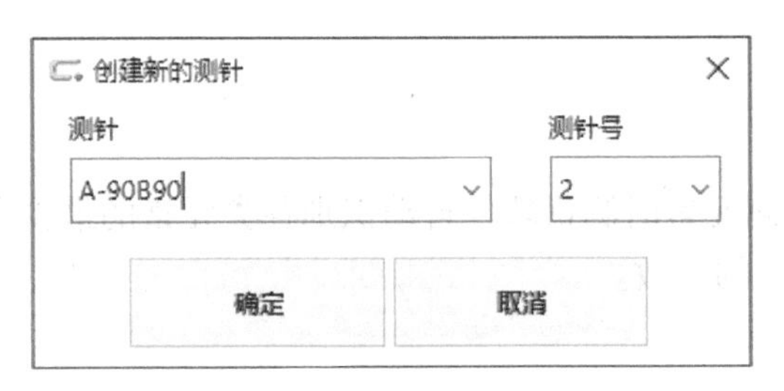

图 4-2-16　创建新的测针

在“探针校准”对话框中单击“将探针旋转到新的位置”按钮，弹出“RDS RC 位置”对话框，在该对话框中输入 A 角和 B 角分别为-90° 和 90°，如图 4-2-17 所示；单击按钮，测针自动切换角度，完成 A-90B90 测针的创建，如图 4-2-18 所示。

图 4-2-17　设置角度

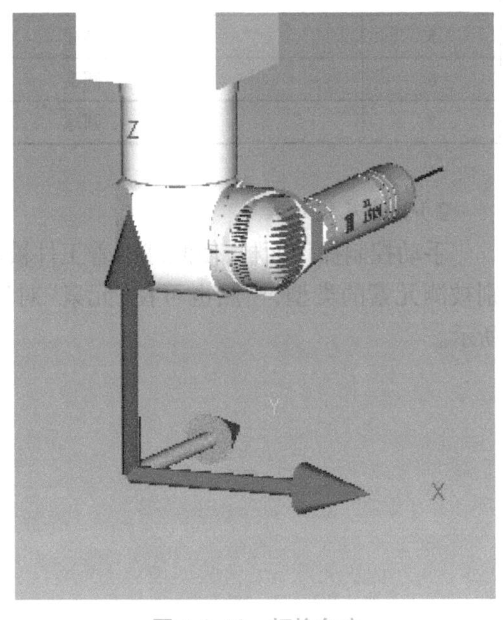

图 4-2-18　切换角度

在“探针校准”对话框中单击“校准测针”按钮，在弹出的对话框中，采用默认设置并单击“确定”按钮，然后按照系统提示，沿着测杆的方向在标准球的-Y 方向顶点处探测一点，系统自动完成工作探针 A-90B90 测针的校准，如图 4-2-19 所示。

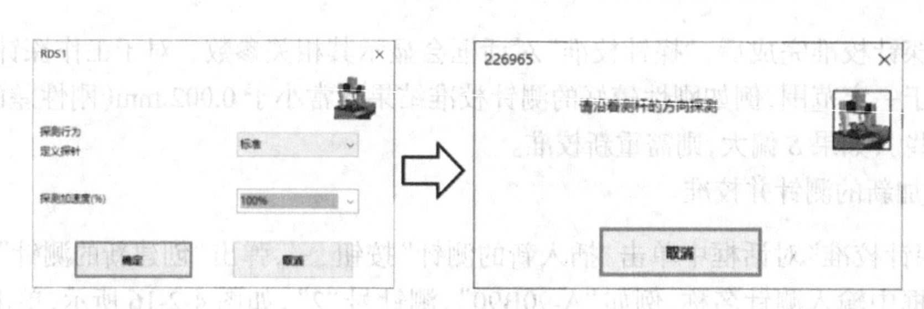

图 4-2-19 校准工作探针

2. 采集元素

1)基本元素点数

表 4-2-2 罗列了探测元素时测量软件自动识别各类元素的最少点数。如果需要测量几何误差,则需要测量更多的点数。

表 4-2-2 软件识别各类元素最少点数

序号	元素类型	最少点数
1	点	1
2	线	2
3	平面	3
4	圆	3
5	圆柱	5
6	圆锥	6
7	圆球	4

2)手动采集元素

手动控制操作面板,使测球沿着工件被测面的法线方向触测采集数据点,系统会自动识别被测元素的类型,当然也可在“元素”对话框中通过下拉菜单进行手动选择,如图 4-2-20 所示。

图 4-2-20　“元素”对话框

☑ 任务步骤

（1）进行项目梳理及并确定工件装夹方案，选择适合本项目的探针，如 L33D3 探针（测针长度 33 mm，测球直径 3 mm），测针选用 1_A0B0，并进行校准。

（2）根据图 4-1-13 所示测量元素编号，手动控制操作面板，依次完成被测元素的采集。

☑ 任务评价

任务							
班级		学号		姓名		日期	
项次	项目与技术要求			参考分值	实测记录		得分
1	遵守纪律、课堂互动			10			
2	探针的选型			20			
3	探针的校准			30			
4	基本元素测点数			20			
5	元素的采集			20			
总计得分							
学生任务总结：							
教师点评：							

任务3 输出测量结果

☑ 任务内容

针对图4-1-1所示零件,在完成元素的探测后,建立基础坐标系,评价尺寸公差和几何公差,并输出测量报告。

☑ 任务目标

(1)理解坐标系的建立原理。
(2)能够正确建立基础坐标系。
(3)掌握CALYPSO软件评价尺寸公差和几何公差的操作方法。
(4)能够正确输出测量报告。

☑ 任务准备

(1)软件准备:打开CALYPSO测量软件。
(2)文件准备:前序任务完成后的项目文件。

☑ 知识链接

1. 建立基础坐标系

常用的建立基础坐标系的方法有"三个平面建立坐标系""面、线、圆建立基础坐标系"和"面、圆、圆建立基础坐标系"。

1)三个平面建立坐标系

以三个平面方式建立基础坐标系,如图4-3-1所示。其中,左图所示为模型默认坐标系,利用三个平面建立如右图所示的基础坐标系。

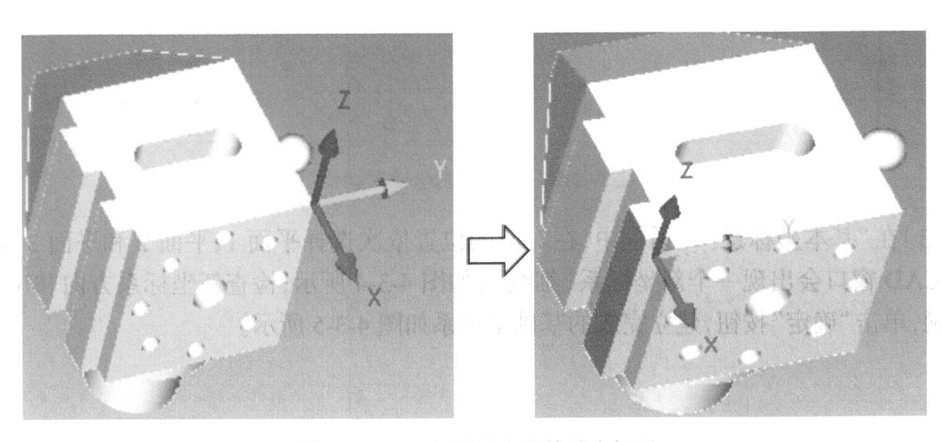

图4-3-1 三个平面建立基础坐标系

（1）定义三个平面分别为平面1、平面2和平面3，如图4-3-2所示。

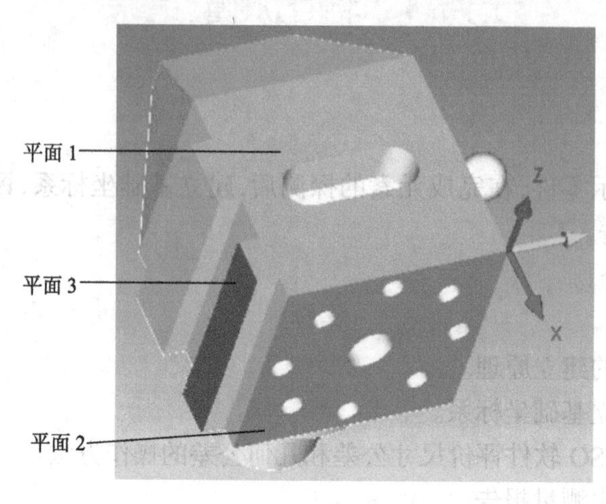

图4-3-2 定义三个平面元素

（2）在“测量程序”功能标签中单击“基本/初定位坐标系”图标，弹出“读取建立的或修改的基本坐标系”对话框，选中“建立新的基体坐标系”选项，采用默认的“标准方法”，单击“确定”按钮，弹出“基本坐标系”对话框，如图4-3-3所示。

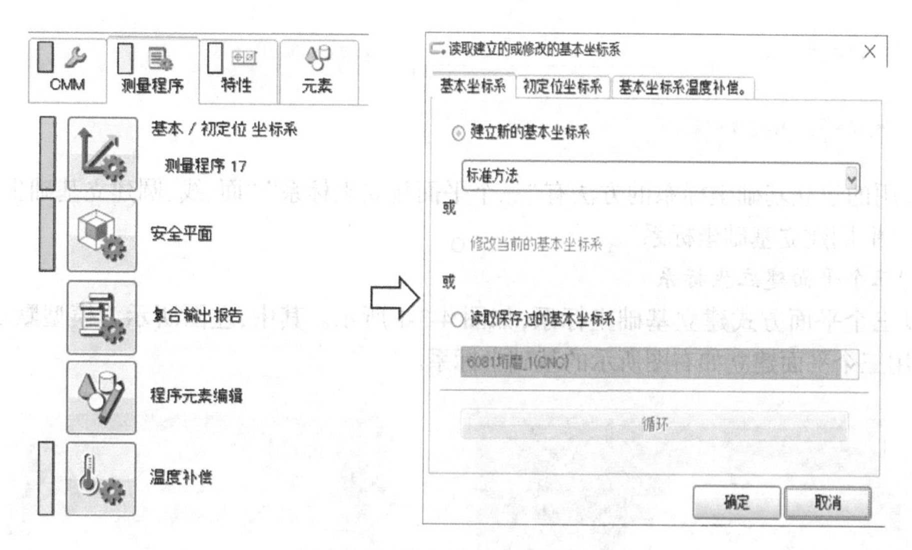

图4-3-3 建立基础坐标系操作

（3）在“基本坐标系”对话框中，在对应的位置依次选择平面1、平面2和平面3元素，此时CAD窗口会出现一个新坐标系（细线），如图4-3-4所示；检查新坐标系方向和位置是否正确，单击“确定”按钮，建立完成的基础坐标系如图4-3-5所示。

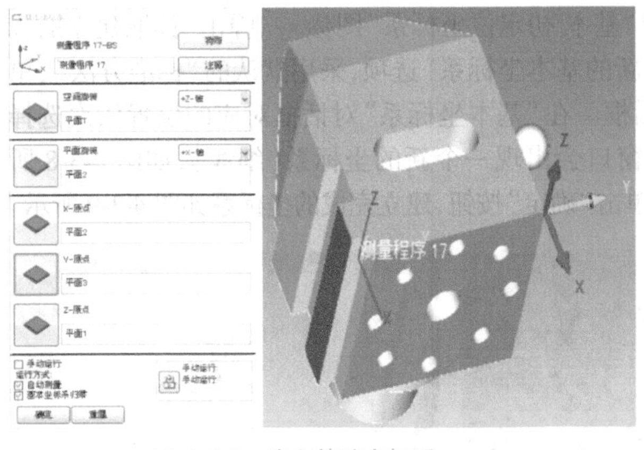

图 4-3-4　建立基础坐标系

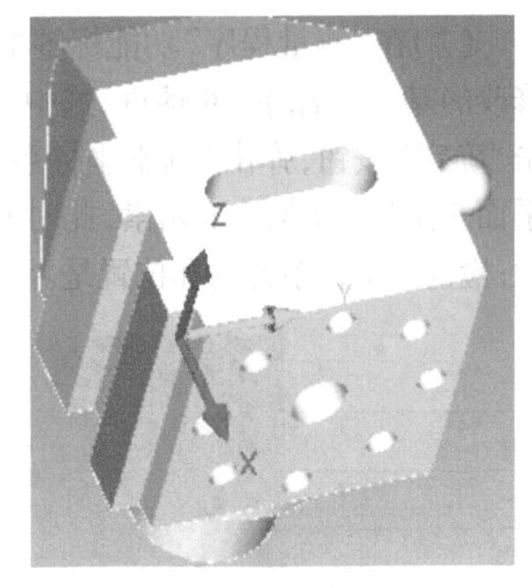

图 4-3-5　建立完成的基础坐标系

其中，平面 1 确定了坐标系的空间旋转（+*Z* 轴方向）及 *Z* 轴原点，限制两个旋转自由度和一个平移自由度；平面 2 确定了平面旋转（+*X* 轴方向）和 *X* 轴原点，限制了一个旋转自由度和一个平移自由度；平面 3 确定了 *Y* 轴原点，限制了一个平移自由度。

2）面、线、圆建立基础坐标系

以面、线、圆方式建立基础坐标系，如图 4-3-6 所示。其中，左图所示为模型默认坐标系，利用面、线、圆方式建立如右图所示的基础坐标系。

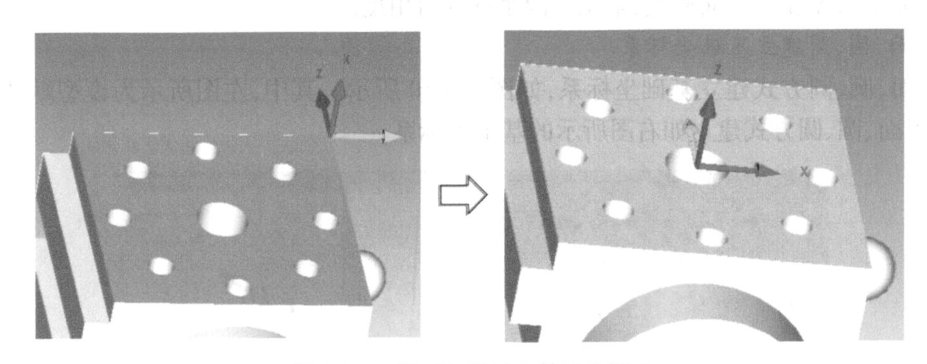

图 4-3-6　面、线、圆建立基础坐标系

（1）定义三个元素分别为平面 1、圆 1 和直线 1，如图 4-3-7 所示。

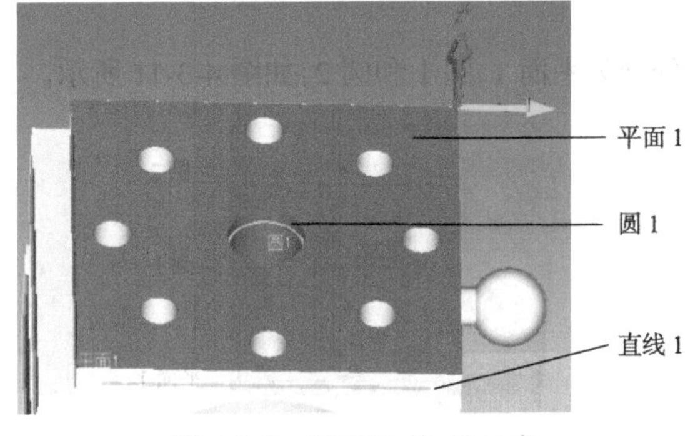

图 4-3-7　定义面、线、圆元素

（2）在“测量程序”功能标签中单击“基本/初定位坐标系”图标，弹出“读取建立的或修改的基本坐标系”对话框，选中“建立新的基本坐标系”选项，采用默认的“标准方法”，单击“确定”按钮，弹出“基本坐标系”对话框。在“基本坐标系”对话框对应的位置依次选择平面 1、圆 1 和直线 1 元素，此时 CAD 窗口会出现一个新的坐标系（细线），如图 4-3-8 所示；检查新坐标系方向和位置是否正确，单击“确定”按钮，建立完成的坐标系如图 4-3-9 所示。

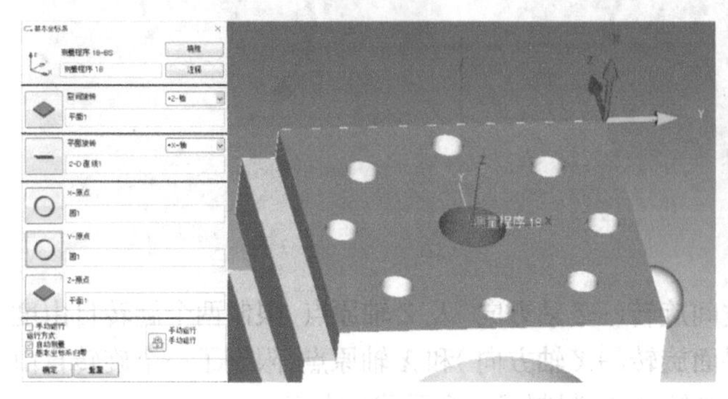
图 4-3-8 建立基础坐标系

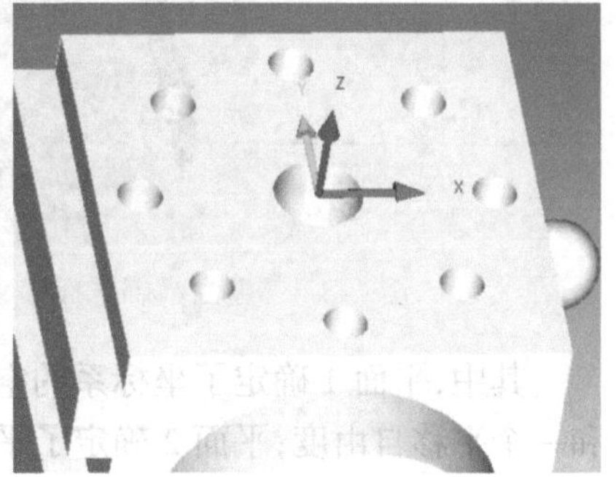

图 4-3-9 建立完成的基础坐标系

其中，平面 1 确定了坐标系的空间旋转（+Z 轴方向）和 Z 方向原点，限制了两个旋转自由度和一个移动自由度；直线 1 确定了坐标系的平面旋转，限制了一个旋转自由度；圆 1 确定了坐标系的 X 和 Y 方向原点，限制了两个移动自由度。

3）**面、圆、圆建立基础坐标系**

以面、圆、圆方式建立基础坐标系，如图 4-3-10 所示。其中，左图所示为模型默认坐标系，利用面、圆、圆方式建立如右图所示的基础坐标系。

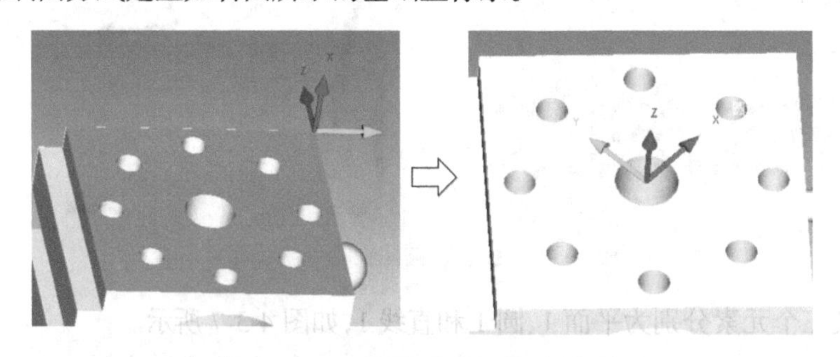
图 4-3-10 面、圆、圆建立基础坐标系

（1）定义三个元素分别为平面 1、圆 1 和圆 2，如图 4-3-11 所示。

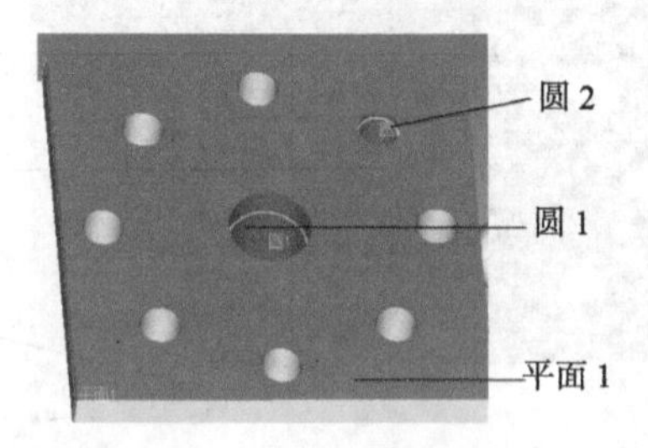

图 4-3-11 定义面、圆、圆元素

（2）在“测量程序”功能标签中单击“基本/初定位坐标系”图标，弹出“读取建立的或修改的基本坐标系”对话框，选中“建立新的基本坐标系”选项，采用默认的“标准方法”，单击“确定”按钮，弹出“基本坐标系”对话框。在“基本坐标系”对话框中对应的位置依次选择平面 1、圆 1 和圆 2 元素，此时 CAD 窗口会出现一个新的坐标系（细线），如图 4-3-12 所示；检查新坐标系方向和位置是否正确，单击“确定”按钮，建立完成的坐标系如图 4-3-13 所示。

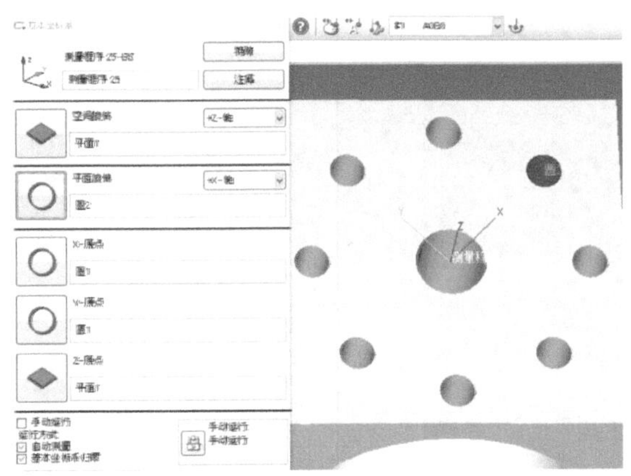

图 4-3-12　建立基础坐标系

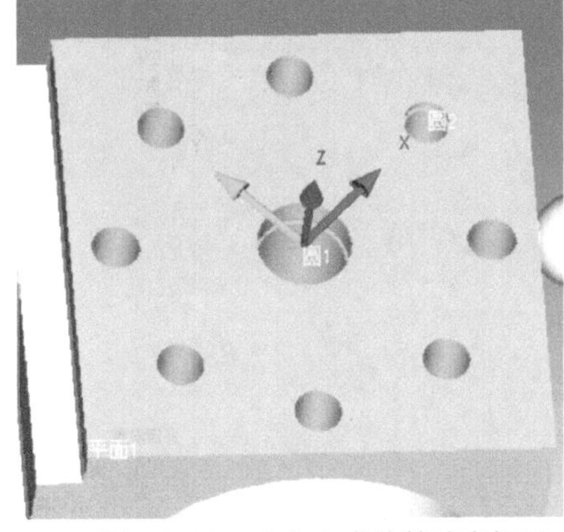

图 4-3-13　建立完成的基础坐标系

其中，平面 1 确定了坐标系的空间旋转和 Z 方向原点，限制了两个旋转自由度和一个移动自由度；圆 1 确定了 X 和 Y 方向的原点，限制了两个平移自由度，平面旋转可仅选择圆 2，而由软件自动计算由坐标系的原点指向圆 2 的方向确定坐标系的平面旋转方向，从而限制了另外一个旋转自由度，与使用由圆 1 和圆 2 的圆心构造的空间直线作为平面旋转的方法效果相同。

2. 尺寸和几何公差输出

1）组合均布圆

首先，需要对被组合的圆进行单独定义，如图 4-3-14 所示。然后，在菜单栏中选择“元素”→“圆”命令，在“元素”功能标签中出现一个新的“圆”图标，双击该图标，弹出“元素”对话框，选择“调用”选项（图 4-3-15），弹出“调用”对话框，在“调用”对话框中同时选中被组合的圆（图 4-3-16），单击“确定”按钮，完成圆的组合。

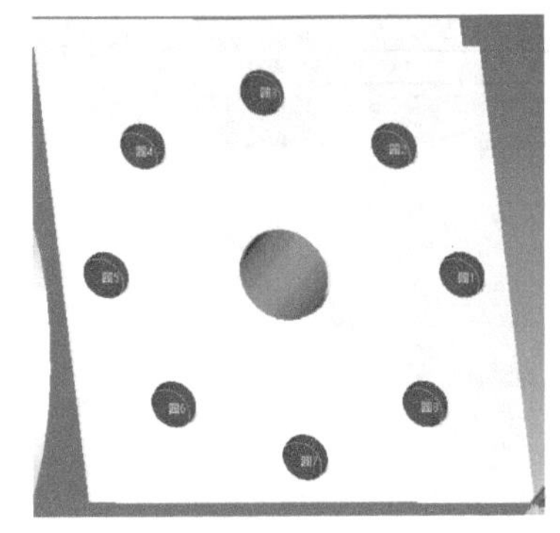

图 4-3-14　定义被组合的圆

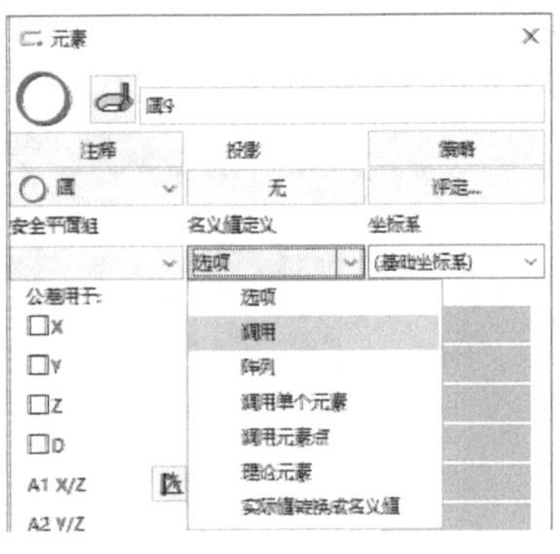

图 4-3-15　“调用”功能

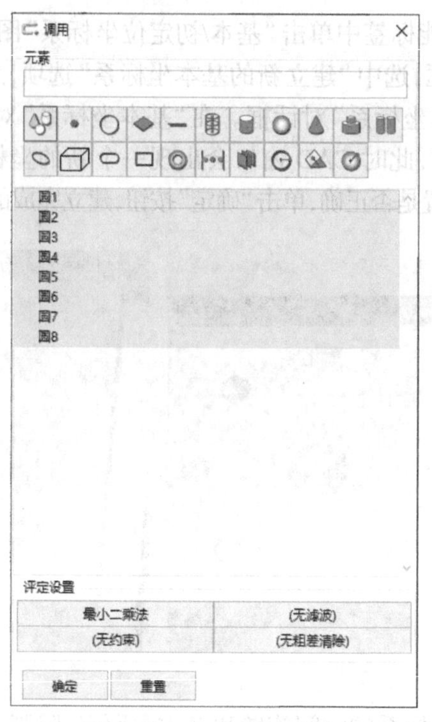

图 4-3-16 “调用”对话框

2)输出直径特性

对于圆柱、圆等元素,可以在其“元素”对话框中,通过勾选“D”选项,并在该对话框右侧对应区域输入公差值和标识符(图 4-3-17),单击“确定”按钮,完成直径特性的定义。此时,在“特性”功能标签中将会新增一项“直径”特性,如图 4-3-18 所示。双击该特性,进入“直径”对话框,可以查看和修改特性信息,如图 4-3-19 所示。

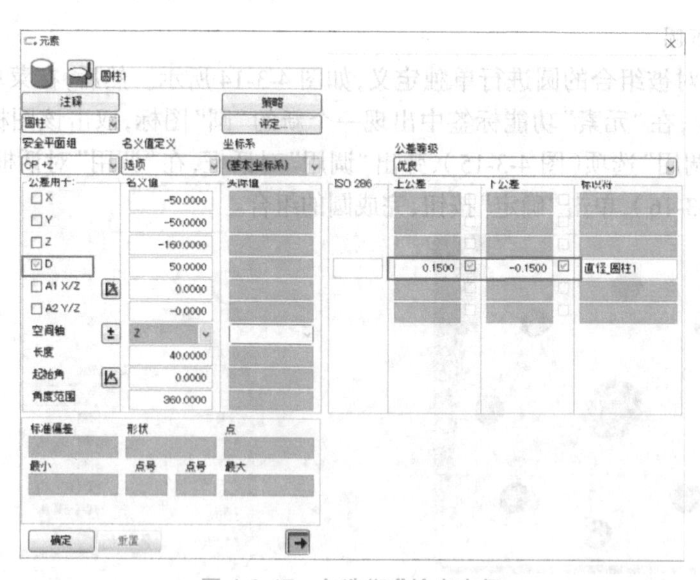

图 4-3-17 勾选“D”输出直径

图 4-3-18　新增直径特性

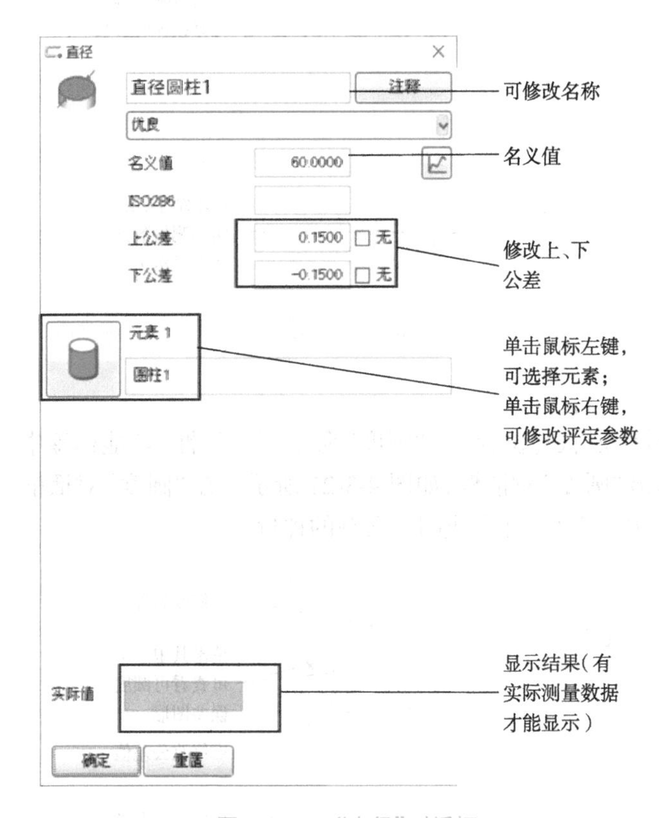

图 4-3-19　“直径”对话框

3）输出平面度

在菜单栏中选择“形状与位置”→“平面度”命令，在“特性”功能标签中会出现“平面度”图标，双击该图标，弹出“平面度”对话框，如图 4-3-20 所示。在“平面度”对话框“元素”选项选择被测平面，修改标识及公差值，即完成平面度误差的评价。

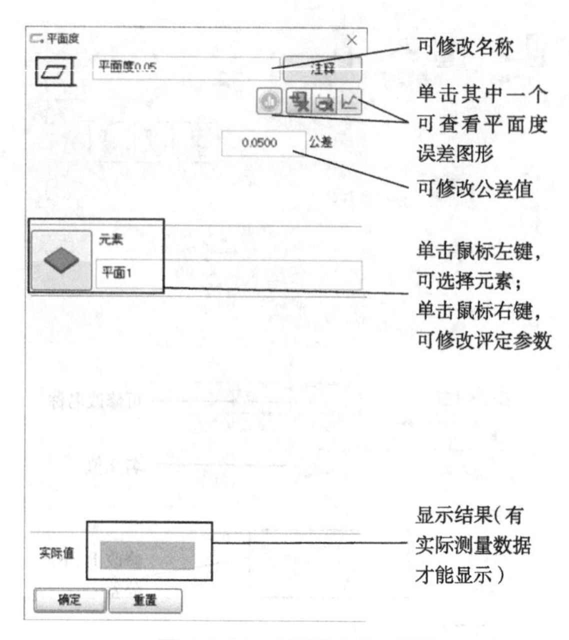

图 4-3-20 “平面度”对话框

4)输出圆度

在菜单栏中选择“形状与位置”→“圆度”命令,在“特性”功能标签中会出现“圆度”图标,双击该图标,弹出“圆度”对话框,如图 4-3-21 所示。在“圆度”对话框“元素”选项处选择被测圆,修改标识及公差值,即完成圆度误差的评价。

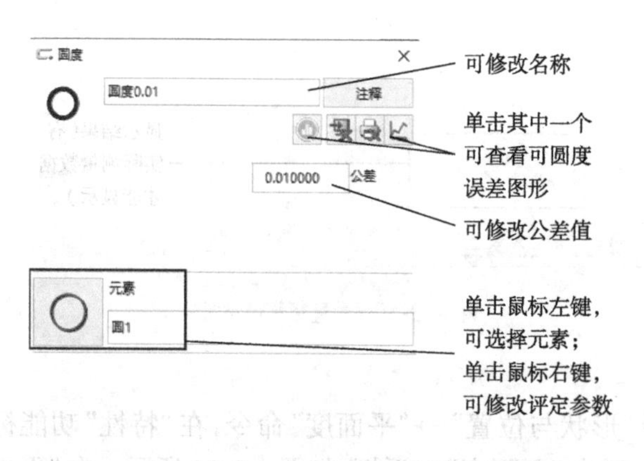

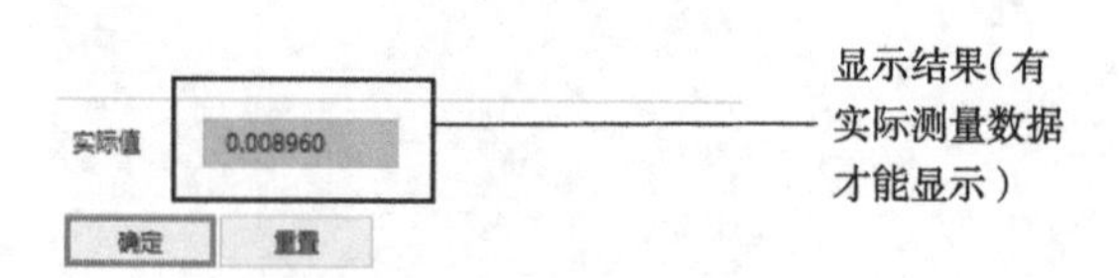

图 4-3-21 “圆度”对话框

☑ 任务步骤

1. 建立坐标系

在“测量程序”功能标签中单击“基本/初定位坐标系”图标，弹出“读取建立的或修改的基础坐标系”对话框(图 4-3-22)，采用默认设置，单击“确定”按钮，弹出“基本坐标系”对话框。按照图 4-3-23 所示内容选择对应的元素建立坐标系，建立完成后的坐标系如图 4-3-24 所示。

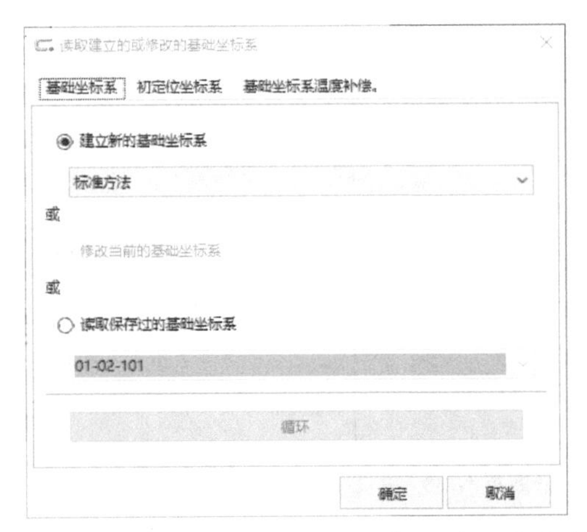

图 4-3-22　“读取建立的或修改的基础坐标系”对话框

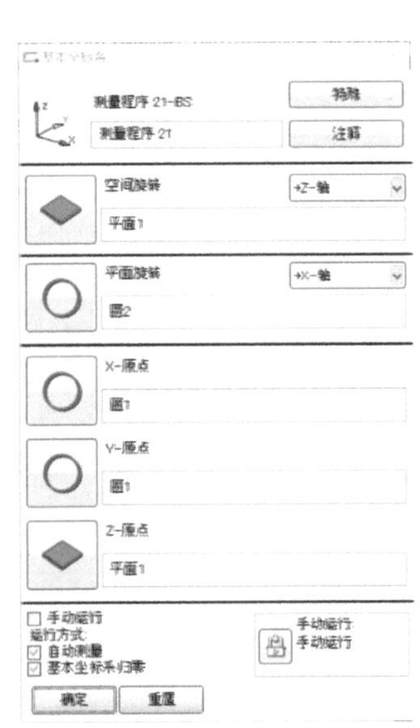

图 4-3-23　建立坐标系

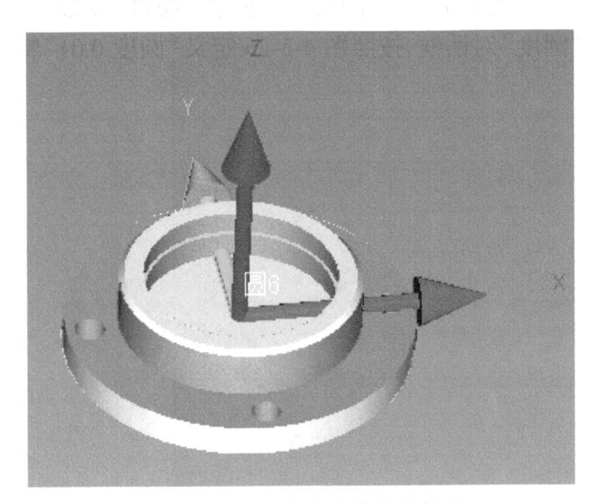

图 4-3-24　建立完成后的坐标系

2. 定义特性

1）定义“平面度 0.05”特性

在菜单栏中选择“形状与位置”→“平面度”命令，在“特性”功能标签下会出现“平面度”图标，双击该图标，弹出“平面度”对话框，按照图 4-3-25 定义“平面度 0.05”特性。

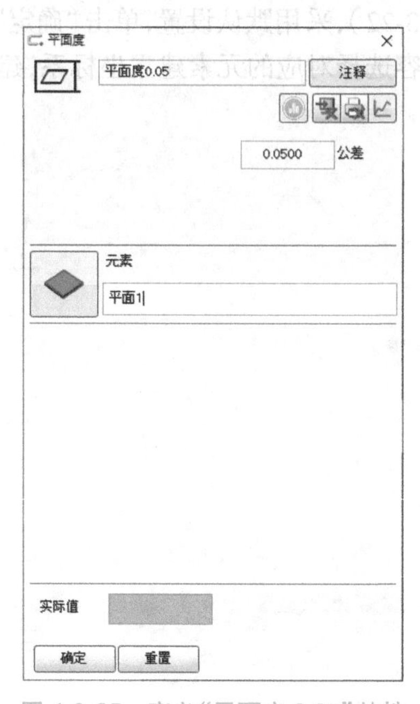

图 4-3-25 定义“平面度 0.05”特性

2）定义“圆度 0.01”特性

在菜单栏中选择“形状与位置”→“圆度”命令，在“特性”功能标签下会出现“圆度”图标，双击该图标，弹出“圆度”对话框，按照图 4-3-26 定义“圆度 0.01”特性。

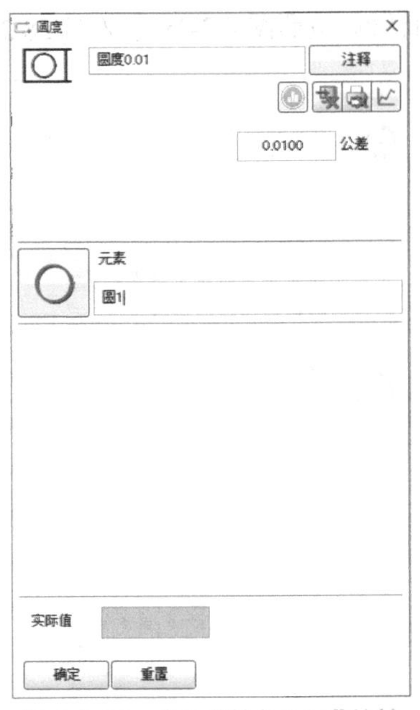

图 4-3-26　定义“圆度 0.01”特性

3）定义“$4\times\phi6\pm0.03$”特性

在菜单栏中选择“尺寸”→“标准”→“直径”命令，在“特性”功能标签下会出现“直径”图标，双击该图标，弹出“直径”对话框，按照图 4-3-27 分别定义圆 2、圆 3、圆 4、圆 5 的直径特性。

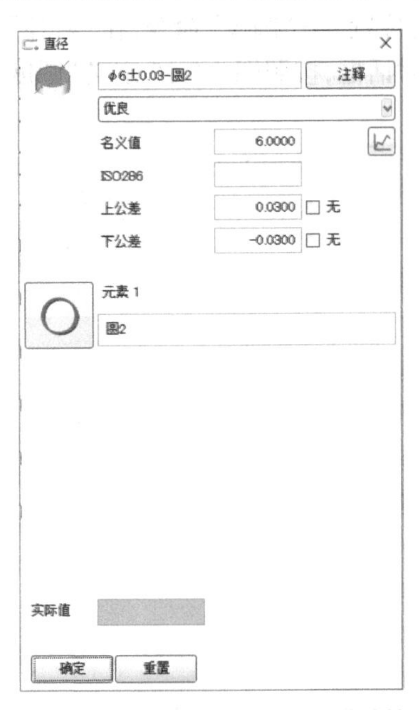

图 4-3-27　定义“$4\times\phi6\pm0.03$”特性

4）定义“$\phi58.2\pm0.1$”特性

在菜单栏中选择“尺寸”→“标准”→“直径”命令，在“特性”功能标签下会出现“直径”图标,双击该图标,弹出“直径”对话框,按照图 4-3-28 定义“ ϕ58.2±0.1 ”特性。

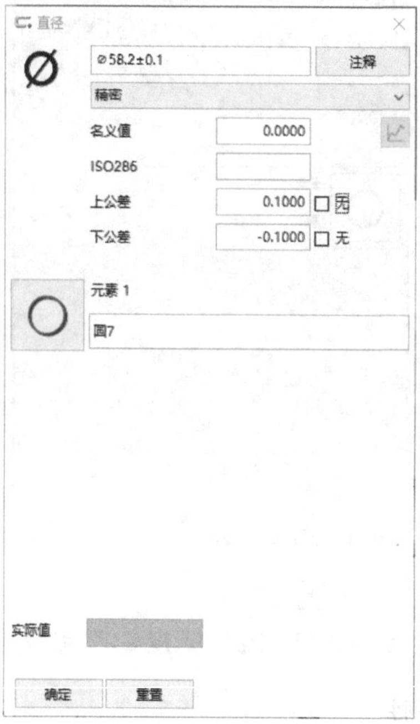

图 4-3-28　定义“ ϕ58.2±0.1 ”特性

5)定义“圆度 0.1”特性

在菜单栏中选择“形状与位置”→“圆度”命令,在“特性”功能标签下会出现“圆度”图标,双击该图标,弹出“圆度”对话框,按照图 4-3-29 定义“圆度 0.1”特性。

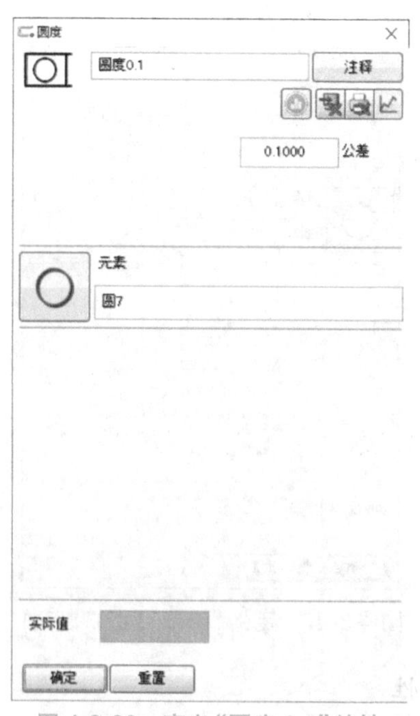

图 4-3-29　定义“圆度 0.1”特性

6）定义“$\phi 37.5\pm 0.02$”特性

在菜单栏中选择“尺寸”→“标准”→“直径”命令，在“特性”功能标签下会出现“直径”图标，双击该图标，弹出“直径”对话框，按照图 4-3-30 定义“$\phi 37.5\pm 0.02$”特性。

图 4-3-30　定义“$\phi 37.5\pm 0.02$”特性

7）定义“$\phi 47\pm 0.02$”特性

在菜单栏中选择“尺寸”→“标准”→“直径”命令，在“特性”功能标签下会出现“直径”图标，双击该图标，弹出“直径”对话框，按照图 4-3-31 定义“$\phi 47\pm 0.02$”特性。

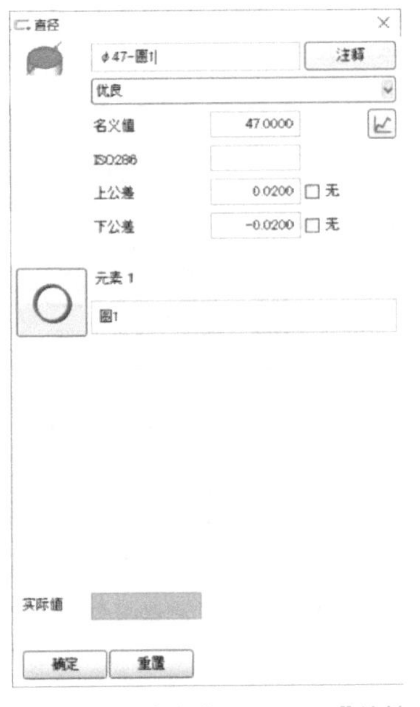

图 4-3-31　定义“$\phi 47\pm 0.02$”特性

3. 输出报告

在菜单栏中选择“程序”→“ CNC-启动(S) ”命令，弹出“启动测量”对话框，按照图 4-3-32 进行设置，然后单击“开始”按钮，输出测量报告，如图 4-3-33 所示。

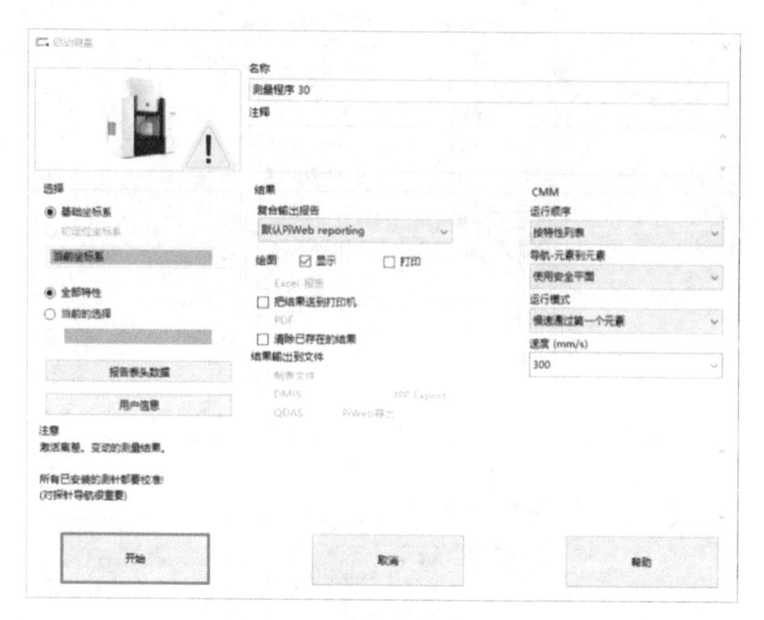

图 4-3-32 “启动测量”对话框

ZEISS CALYPSO
7.0.12

部件名称	测量程序 19		
图号			
订单号		最后的测量值 1	
变体		▶ 批准 ≠ 集合成块	
公司		部件标识符	3
部门		时间/日期	2021/12/2 17:06
CMM 类型	Prismo	运行	全部特性
CMM 号	000000	测量值数量	10
操作者	Master	编号数值: 红色	● 2
文本		Measurement Duration	00:00:03.0

名称	测量值	名义值	+公差	-公差	偏差	+/-
平面度0.05	0.0199	0.0000	0.0500	0.0000	0.0199	
圆度0.01	0.0110	0.0000	0.0100	0.0000	0.0110	0.0010
D6±0.03-圆2	5.9998	6.0000	0.0300	-0.0300	-0.0002	
D6±0.03-圆3	5.9999	6.0000	0.0300	-0.0300	-0.0001	
D6±0.03-圆4	5.9983	6.0000	0.0300	-0.0300	-0.0017	
D6±0.03-圆5	6.0010	6.0000	0.0300	-0.0300	0.0010	
D58.2±0.1-圆7	58.0007	58.2000	0.1000	-0.1000	-0.1993	-0.0993
圆度0.1	0.0002	0.0000	0.1000	0.0000	0.0002	
D37.5±0.02_圆6	37.4988	37.5000	0.0200	-0.0200	-0.0012	
D47±0.02_圆1	47.0013	47.0000	0.0200	-0.0200	0.0013	

图 4-3-33 测量报告

☑ 任务评价

任务							
班级		学号		姓名		日期	
项次	项目与技术要求			参考分值	实测记录		得分
1	遵守纪律、课堂互动			10			
2	建立坐标系			25			
3	定义尺寸特性			25			
4	定义几何公差特性			25			
5	正确输出测量报告			15			
总计得分							
学生任务总结：							
教师点评：							

任务 4 测量结果分析

☑ 任务内容

使用 CALYPSO 软件,完成几何误差数据的分析。

☑ 任务目标

(1)掌握圆度、平面度误差的基本概念。
(2)能够分析圆度、平面度误差数据。

☑ 任务准备

(1)软件准备:打开 CALYPSO 测量软件。
(2)文件准备:前序任务完成后的项目文件。

☑ 知识链接

1. 平面度公差

1)平面度公差的基本概念

平面度公差的标注及解读见表 4-4-1。

表 4-4-1 平面度公差

形状公差项目	标注示例	识读	解读含义
平面度	⏥ 0.08	上表面的平面度公差为 0.08 mm	*t* 提取(实际)表面应限定在间距等于 0.08 mm(公差值 *t*)的两平行平面之间

2)平面度误差数据分析

在“平面度”对话框中单击“图形分析”图标,弹出“PiWeb reporting”对话框(图 4-4-1),单击“绘图”按钮,出现“PlotProtocol 绘图报告”对话框(图 4-4-2),用于分析该平面误差数据。

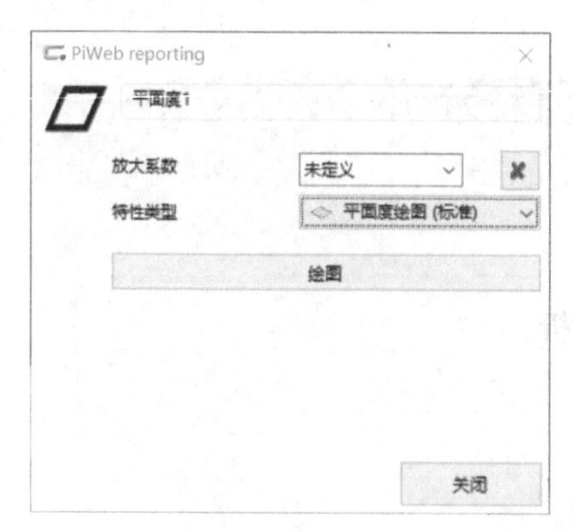

图 4-4-1 “PiWeb reporting”对话框

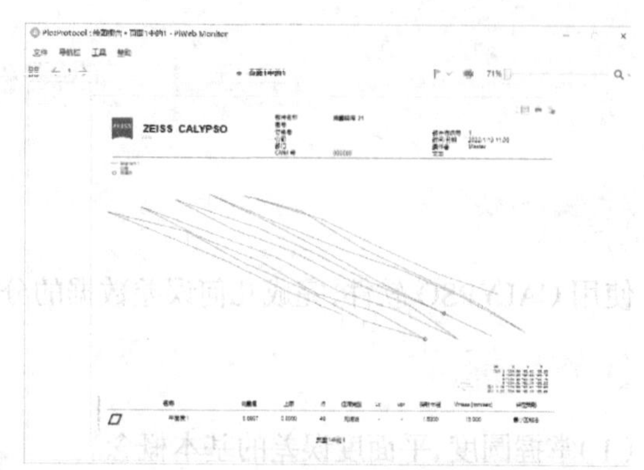

图 4-4-2 “PlotProtocol 绘图报告”对话框

2. 圆度公差

1)圆度公差的基本概念

圆度公差的标注及解读见表 4-4-2。

表 4-4-2 圆度公差

形状公差项目	标注示例	识读	解读含义
圆度	0.03	圆锥面和圆柱面的圆度公差为 0.03 mm	t a 在圆柱面和圆锥面的任意横截面内，提取(实际)圆周应限定在半径差等于 0.03 mm(公差值 t)的两共面同心圆之间

2)圆度误差数据分析

在“圆度”对话框中单击“图形分析”图标，弹出“PiWeb reporting”对话框(图 4-4-3)，单击“绘图”按钮，出现“PlotProtocol 绘图报告”对话框(图 4-4-4)，用于分析该圆度误差数据。

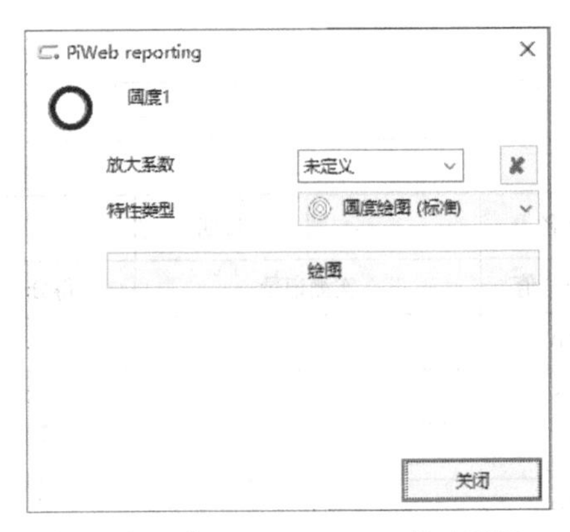

图 4-4-3　“PiWeb reporting”对话框

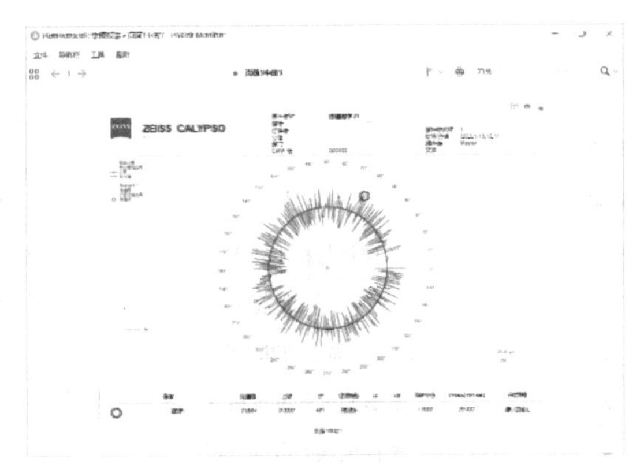

图 4-4-4　“PlotProtocol 绘图报告”对话框

☑ 任务步骤

（1）正确理解平面度的基本概念，并使用软件分析平面度误差数据。

（2）正确理解圆度的基本概念，并使用软件分析圆度误差数据。

☑ 任务评价

<table>
<tr><td>任务</td><td colspan="7"></td></tr>
<tr><td>班级</td><td></td><td>学号</td><td></td><td>姓名</td><td></td><td>日期</td><td></td></tr>
<tr><td>项次</td><td colspan="3">项目与技术要求</td><td>参考分值</td><td colspan="2">实测记录</td><td>得分</td></tr>
<tr><td>1</td><td colspan="3">遵守纪律、课堂互动</td><td>10</td><td colspan="2"></td><td></td></tr>
<tr><td>2</td><td colspan="3">理解平面度的基本概念</td><td>15</td><td colspan="2"></td><td></td></tr>
<tr><td>3</td><td colspan="3">理解圆度的基本概念</td><td>15</td><td colspan="2"></td><td></td></tr>
<tr><td>4</td><td colspan="3">平面度误差数据分析</td><td>30</td><td colspan="2"></td><td></td></tr>
<tr><td>5</td><td colspan="3">圆度误差数据分析</td><td>30</td><td colspan="2"></td><td></td></tr>
<tr><td colspan="4">总计得分</td><td colspan="4"></td></tr>
<tr><td colspan="8">学生任务总结：</td></tr>
<tr><td colspan="8">教师点评：</td></tr>
</table>

我国首台大型龙门式三坐标测量机系统 LM402015 由北京航空精密机械研究所研制成功。这台大型龙门式三坐标测量机系统样机的研制成功仅用了7个月的时间。针对目前国内大型三坐标测量机长期依赖进口的现状，组织了强有力的科研开发队伍，自筹资金，设计开发出了 LM 系列大型三坐标测量机系统。LM 系列三坐标测量机系统在机械方面采用了坚固的开敞式龙门结构；三向导轨副全部采用高刚度、高承载能力的小孔节流式空气轴承；控制系统采用当今国际上先进的数字信号处理控制技术的，使得该系统可以实现高效率的连续扫描测量；系统中包含各种意外情况的应急处理措施和保护功能，使得该系统运行更加安全可靠；在测量功能上，除具有基本测量和曲线曲面测量功能外，还增加了多种数字模型（简称数模）的输入、输出以及模拟测量功能，使得该系统在逆向工程中更能突显其优越性。该系统在测量精度、功能及效率上都达到了当前国际先进水平，使我国成为世界上少数几个能够设计、生产大型三坐标测量机的国家之一。该机型的研制成功，不仅满足了汽车工业、航空航天及其他重工业对大型、超大型检测设备的需求，而且填补了国内生产大型测量机的空白，打破了国外测量机生产厂商对该机型的市场垄断，同时它也标志着国产三坐标测量机生产技术已经达到当代国际先进水平。

尽管当前我国的科技发展取得了长足进步，但在一些核心领域的关键技术上，与世界发达国家相比，仍存在一定的差距，还需要我国当代科技工作者继续以工匠精神投入科技创新这项世世代代无穷尽的伟大事业中，逐日追梦。

项目 5　支座零件的编程测量

定位块零件尺寸公差和几何公差有一定的要求。本项目的内容是使用蔡司三坐标测量机(蔡司 CONTURA 7/10/6),通过编程完成支座零件尺寸误差和几何误差项目的测量。

任务 1　测量准备

☑ 任务内容

针对图 5-1-1 所示的定位块零件图,梳理测量项目,明确被测对象,确定零件装夹方案,校准所需测针。

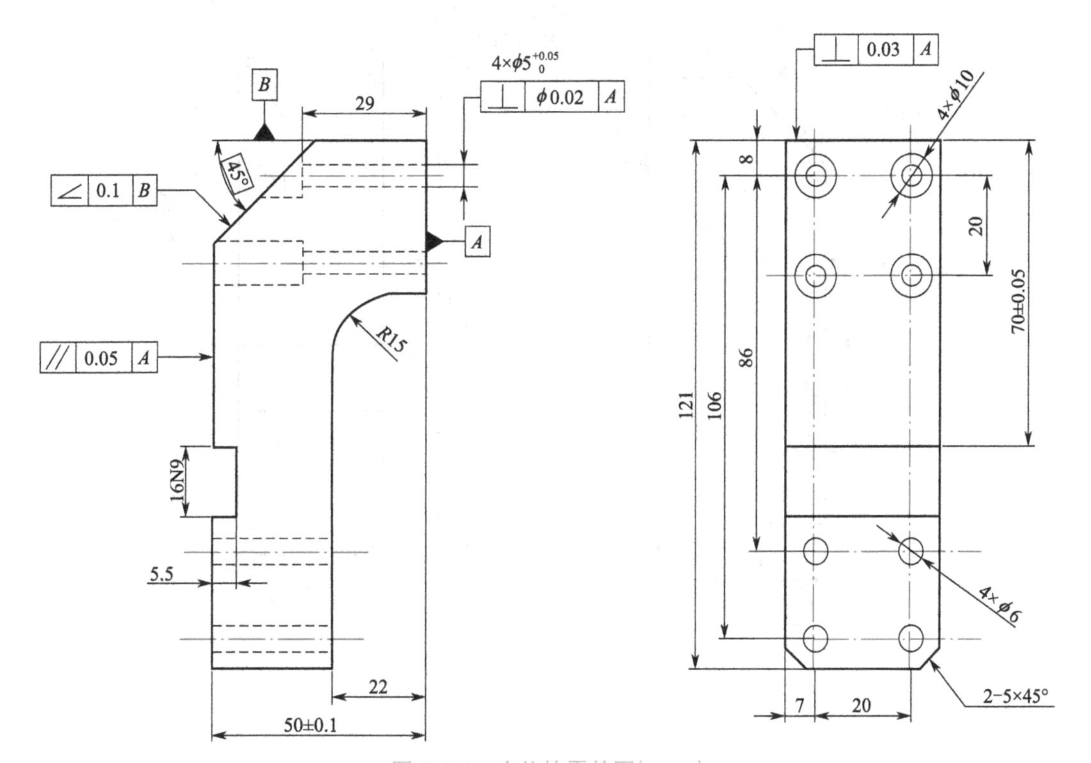

图 5-1-1　定位块零件图(mm)

☑ 任务目标

(1)能够正确读图并梳理测量项目。

(2)能够正确装夹工件。

(3)能够正确校准所需测针。

☑ 任务准备

（1）设备准备：确认设备无故障。

（2）工件准备：清洁工件表面，无油污、水渍，清除毛刺。

（3）图纸准备：图纸清晰、完整。

（4）探针准备：探针完好无损。

（5）参考球准备：参考球清洁。

☑ 任务步骤

（1）根据图纸要求，梳理测量项目。对测量项目进行梳理并编号，再对被测元素进行编号，分别如图 5-1-2 和图 5-1-3 所示，形成表 5-1-1 所示的测量项目列表。

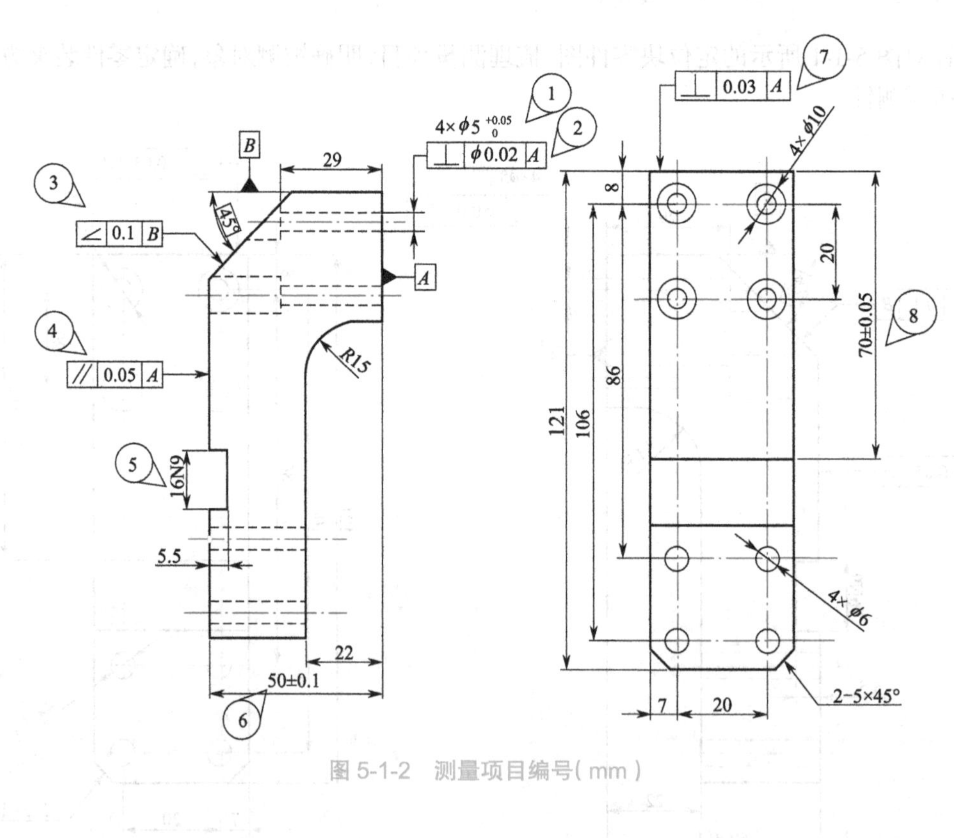

图 5-1-2　测量项目编号（mm）

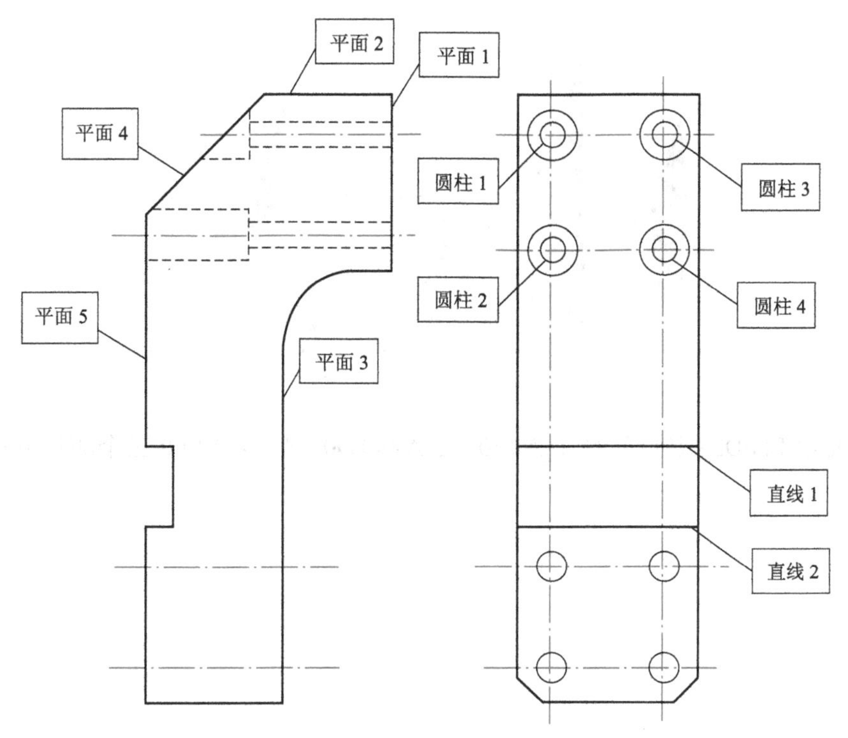

图 5-1-3　测量元素编号

表 5-1-1　测量项目

序号	测量项目	描述
1	$4\times\phi5^{+0.05}_{0}$ mm	圆柱 1、圆柱 2、圆柱 3、圆柱 4 的直径
2	垂直度ϕ0.02(基准 A)	圆柱 1、圆柱 2、圆柱 3、圆柱 4 轴线分别对平面 1(基准 A)的垂直度ϕ0.02
3	倾斜度 0.1(基准 B)	平面 4 对平面 2(基准 B)的倾斜度 0.1
4	平行度 0.05(基准 A)	平面 5 对平面 1(基准 A)的平行度 0.05
5	16N9 mm	直线 1 和直线 2 单方向距离 $16^{0}_{-0.043}$ mm
6	(50 ± 0.1)mm	平面 1 和平面 5 的距离
7	垂直度 0.03(基准 A)	平面 2 对平面 1(基准 A)的垂直度
8	(70 ± 0.05)mm	平面 2 与直线 1 的距离

(2)根据测量元素,确定零件装夹方案。结合工件装夹原则,采用图 5-1-4 所示的装夹方案,保证一次装夹可完成全部元素的测量。

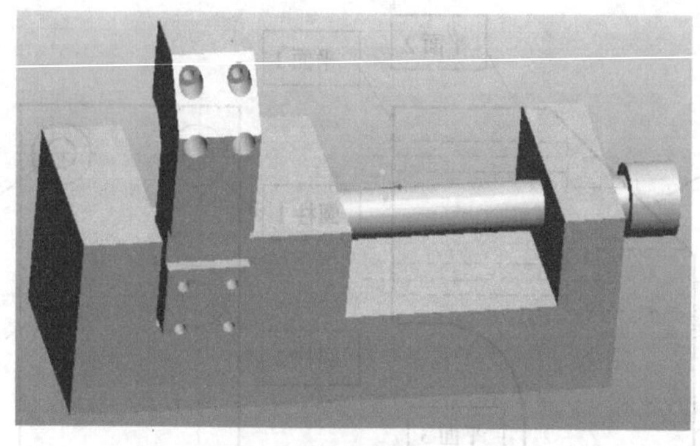

图 5-1-4　工件装夹方案

（3）使用 L56D3 探针，选择 1_A0B0、2_A-90B90、4_A-90B-90 三个测针方向并进行校准。

☑ 任务评价

任务						
班级		学号		姓名		日期	
项次	项目与技术要求			参考分值	实测记录	得分
1	遵守纪律、课堂互动			10		
2	梳理测量项目			20		
3	工件的定位与装夹			20		
4	探针的选型			20		
5	探针的校准			30		
总计得分						
学生任务总结：						
教师点评：						

任务 2　编写程序

☑ 任务内容

针对图 5-1-1 所示零件，完成探针的选型与校准。根据表 5-1-1 梳理的测量项目和图 5-1-3 中的测量元素编号，完成元素的探测。

☑ 任务目标

（1）掌握定义元素和测量策略的方法。
（2）理解安全平面的含义，掌握定义安全平面的方法。
（3）能够正确定义尺寸公差和几何公差特性。

☑ 任务准备

（1）文件准备：前序任务完成后的项目文件。
（2）设备准备：确认设备无故障。

☑ 知识链接

1. 定义元素

1）定义直线

在 CAD 功能菜单中展开“定义元素”，单击“在一平面上定义直线”命令，如图 5-2-1 所示；然后在 CAD 模型上按住鼠标左键拖动可以定义一条直线，如图 5-2-2 所示。直线的“元素”对话框如图 5-2-3 所示。

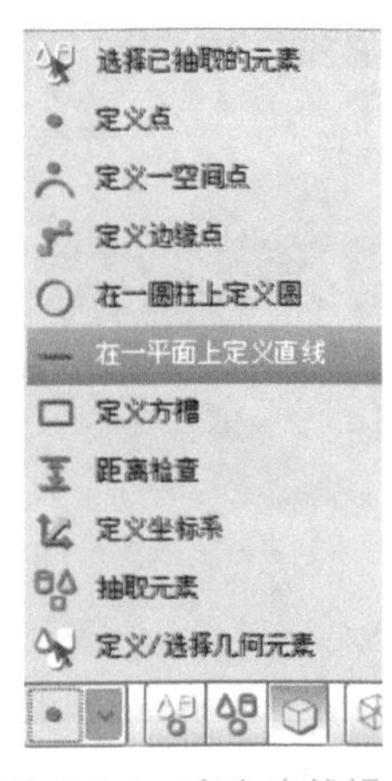

图 5-2-1　定义直线操作

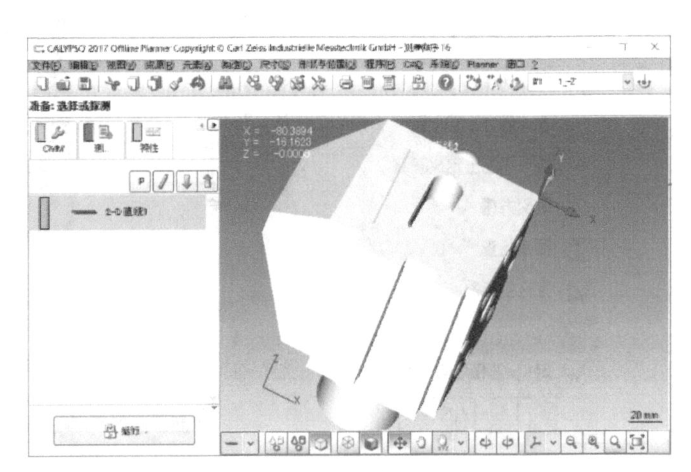
图 5-2-2　定义直线

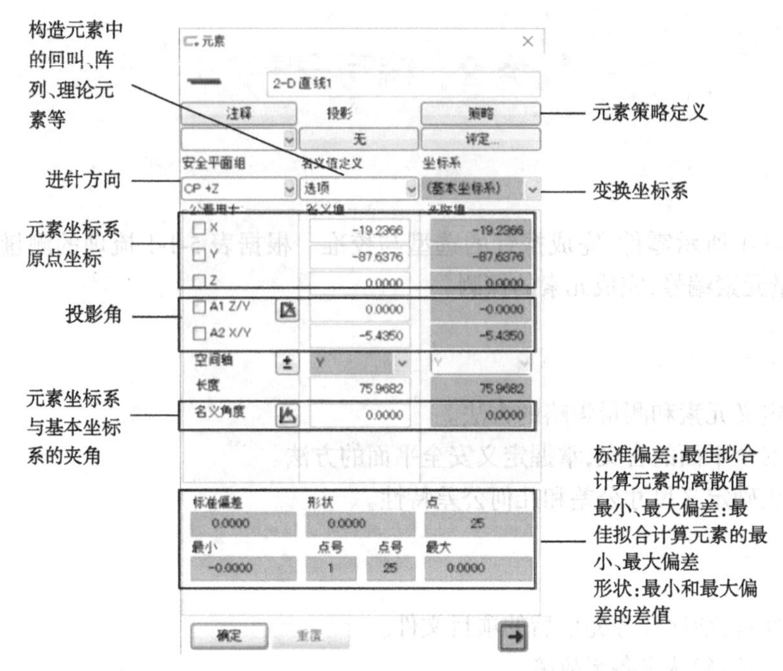

图 5-2-3 直线的“元素”对话框

投影角 A1 角:从+X轴看,直线投影到 YZ 平面内,与+Y轴的夹角。

投影角 A2 角:从+Z轴看,直线投影到 XY 平面内,与+Y轴的夹角。

2)定义面

在 CAD 功能菜单中展开“定义元素”,单击“抽取元素”命令,如图 5-2-4 所示;然后在 CAD 模型上单击鼠标左键可以定义一个平面,如图 5-2-5 所示。

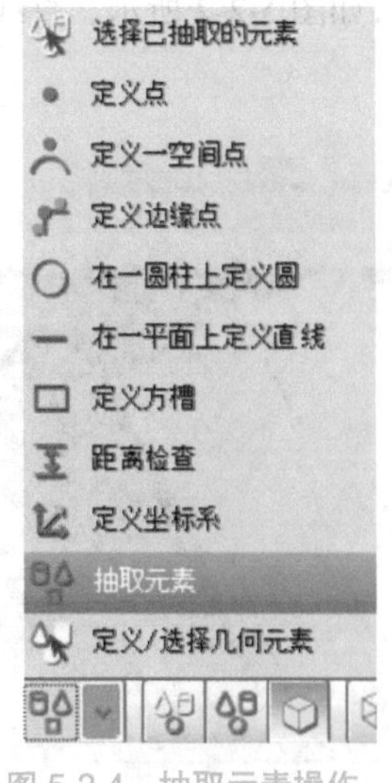

图 5-2-4 抽取元素操作

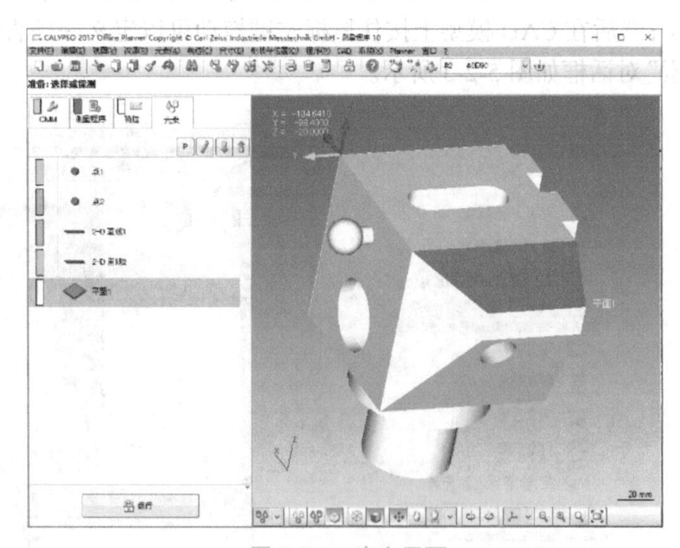

图 5-2-5 定义平面

3)定义圆

在 CAD 功能菜单中展开“定义元素”,单击“在一圆柱上定义圆”命令,如图 5-2-6 所示;然后在 CAD 模型圆柱上单击鼠标左键可以定义一个圆,如图 5-2-7 所示。

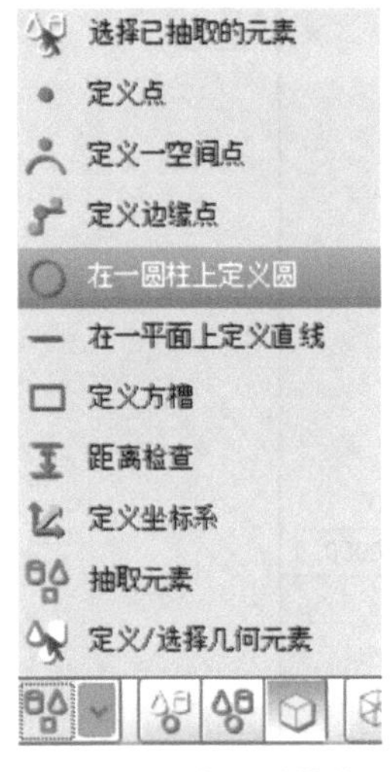

图 5-2-6　定义圆操作

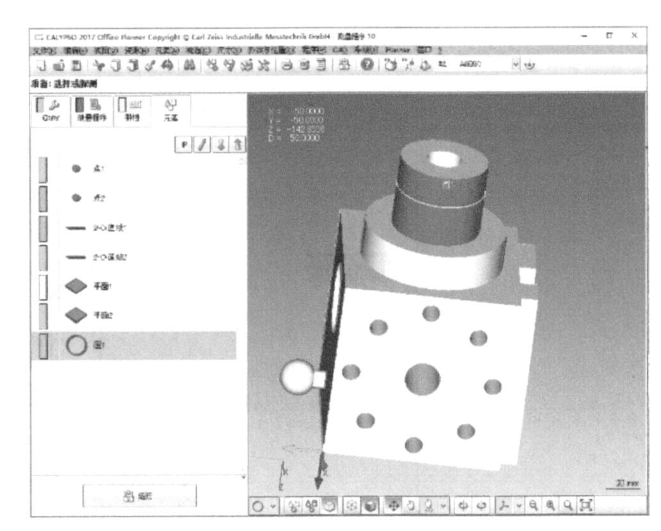

图 5-2-7　定义圆

4)定义圆柱

在 CAD 功能菜单中展开“定义元素”,单击“抽取元素”命令,如图 5-2-8 所示;然后在 CAD 模型圆柱上单击鼠标左键可以定义一个圆柱,如图 5-2-9 所示。

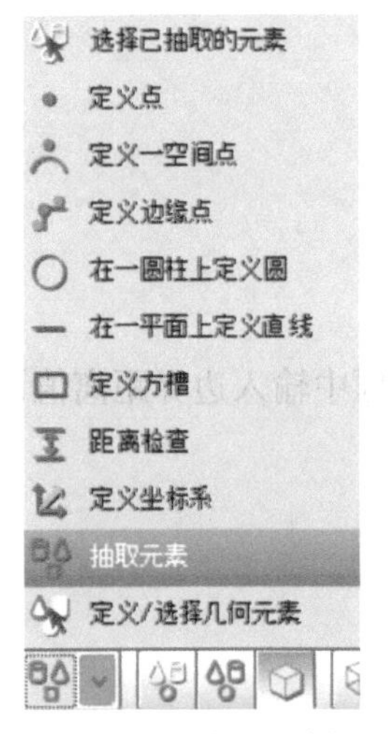

图 5-2-8　抽取元素操作

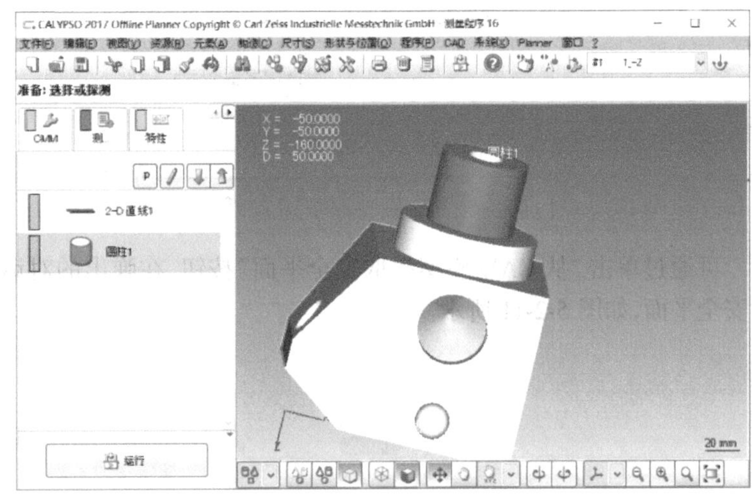

图 5-2-9　定义圆柱

2. 定义安全平面

安全平面是一个由六个面组成的安全区域,围绕在工件及相关的夹具周围,其方向参考选择的坐标系，通过此区域的设定使测量机可以在测量时绕着工件移动探针而不发生碰撞，保护探针避免碰撞。在“测量程序”功能标签下单击“安全平面”图标，弹出“安全平面”对话框，如图 5-2-10 所示。

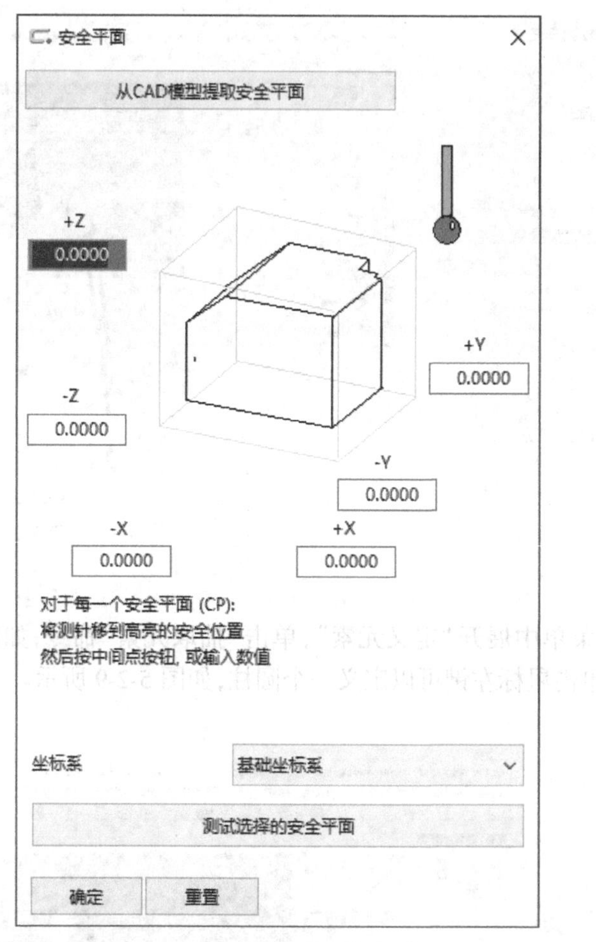

图 5-2-10 “安全平面”对话框

可通过单击“从 CAD 模型提取安全平面”按钮，在弹出的对话框中输入边界距离值设置安全平面，如图 5-2-11 所示。

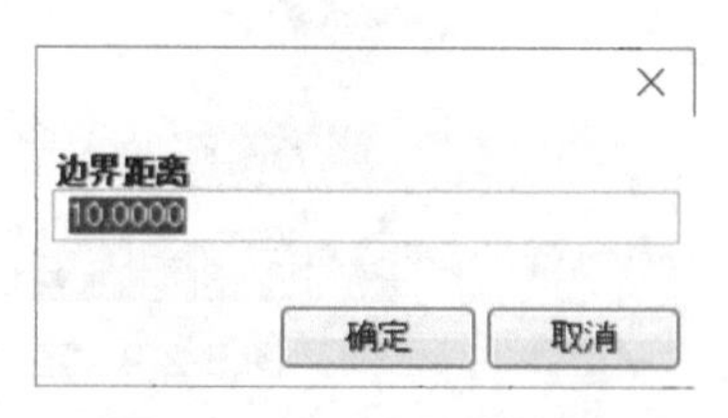

图 5-2-11 设置边界距离

3. 定义策略

1)定义测量策略

Ⅰ.平面测量策略

在平面的“元素”对话框中单击“策略”按钮,弹出平面的“策略”对话框,如图5-2-12所示。

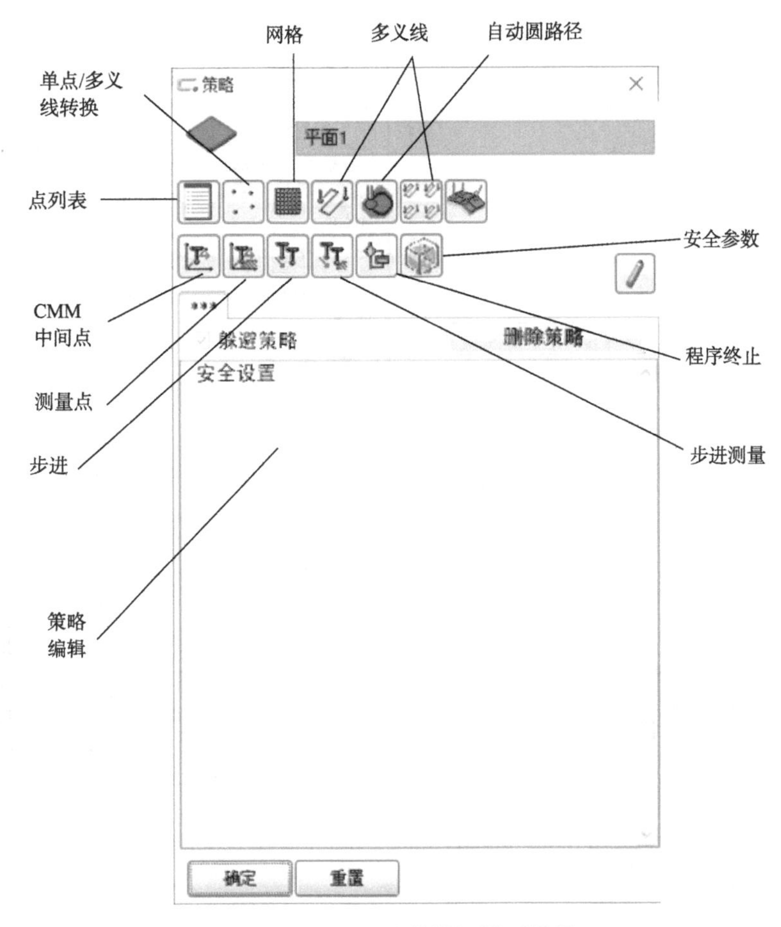

图5-2-12 平面的“策略”对话框

以“多义线”为例,在平面的“策略”对话框中单击“多义线”按钮,在策略编辑区域新增多义线,如图5-2-13所示。在策略编辑区域双击“多义线”选项,然后单击“模型上的多义线”按钮,可以生成多义线路径,如图5-2-14所示。根据需求对多义线的各项参数进行修改和设置,如图5-2-15所示。

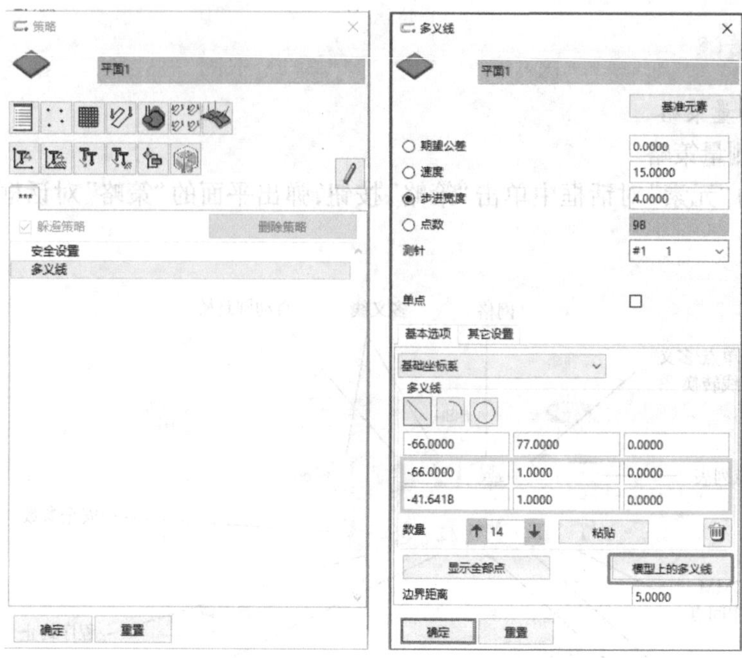

图 5-2-13 新增多义线

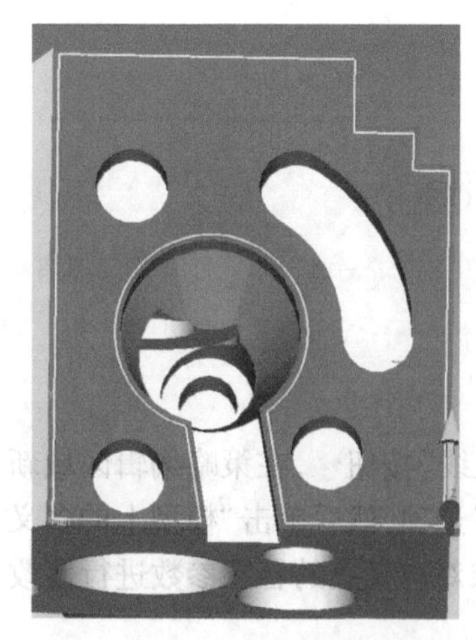

图 5-2-14 多义线路径

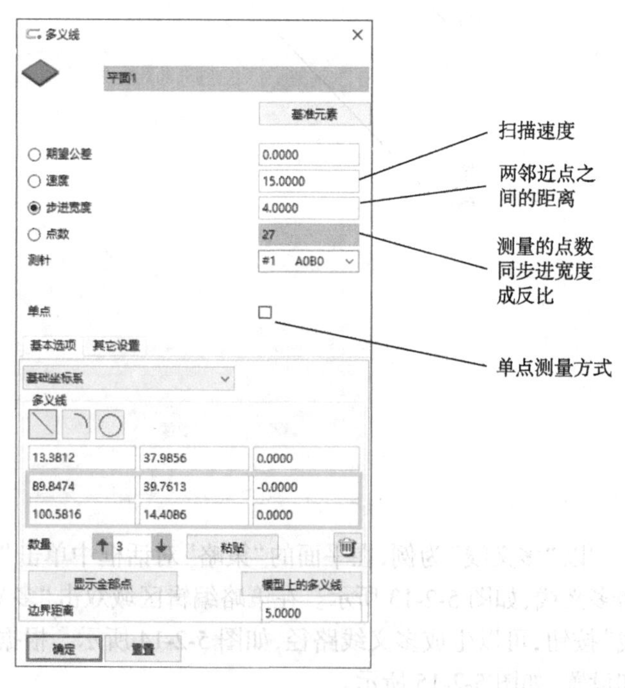

图 5-2-15 “多义线”对话框

Ⅱ. 圆测量策略

在圆的“元素”对话框中单击“策略”按钮，弹出圆的“策略”对话框，如图 5-2-16 所示。

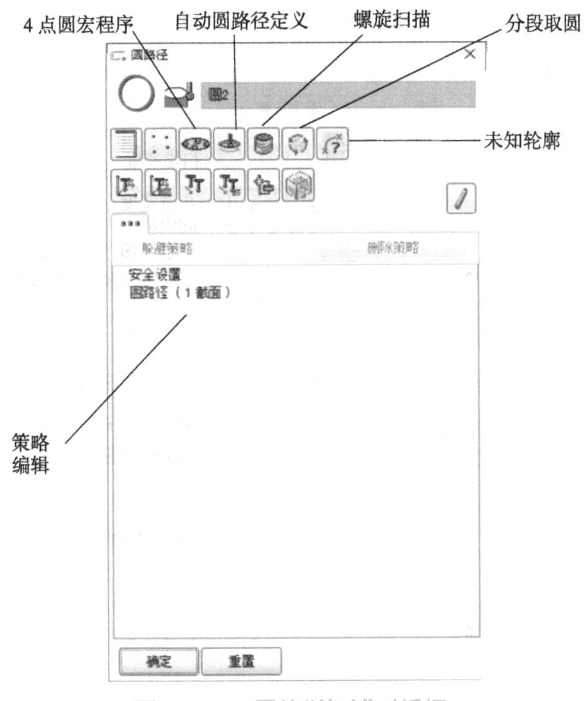

图 5-2-16　圆的“策略”对话框

以“自动圆路径定义”为例，在圆的“策略”对话框中系统默认“自动圆路径定义”方式测量圆，在策略编辑区域默认存在一个“圆路径(1 截面)”选项，如图 5-2-17 所示；同时，在模型对应的圆柱上显示默认的圆路径，如图 5-2-18 所示。在策略编辑区域双击“圆路径(1 截面)”选项，打开“圆路径”对话框，在该对话框中可以对圆路径的各项参数进行修改和设置，如图 5-2-19 所示。

图 5-2-17　“圆路径(1 截面)”选项

图 5-2-18　圆路径

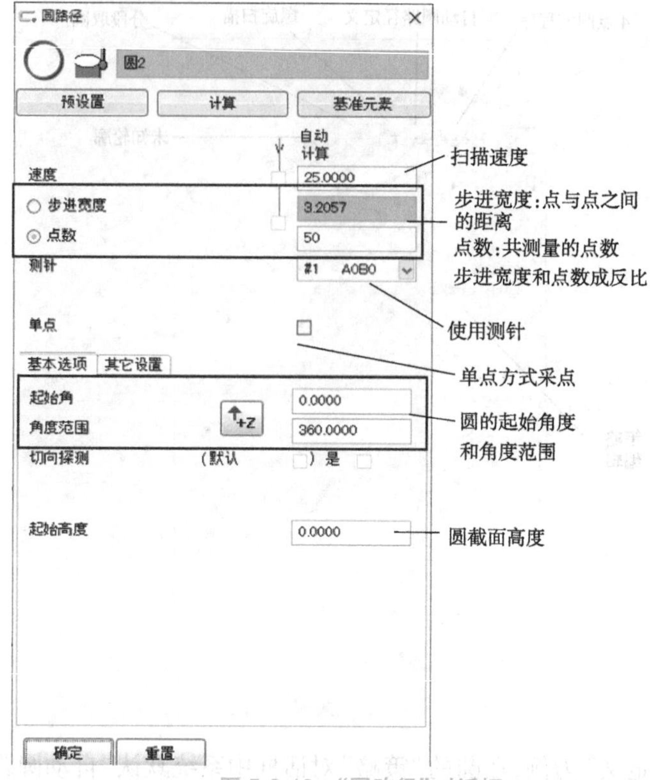

图 5-2-19 “圆路径”对话框

Ⅲ. 圆柱测量策略

在圆柱的“元素”对话框中单击“策略”按钮,弹出圆柱的“策略”对话框,如图 5-2-20 所示。

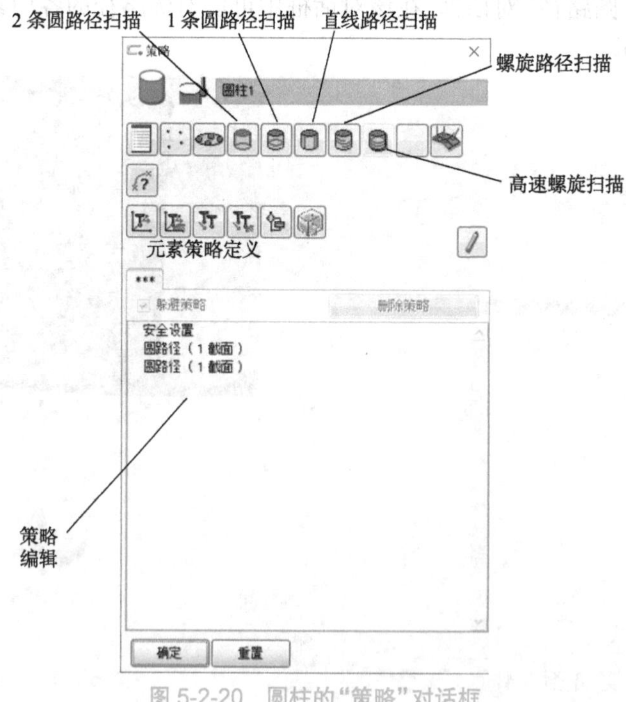

图 5-2-20 圆柱的“策略”对话框

以“2 条圆路径扫描”为例，在圆柱的“策略”对话框中系统默认“2 条圆路径扫描”方式测量圆，在策略编辑区域默认存在两个“圆路径(1 截面)”选项，如图 5-2-21 所示；同时，在模型对应的圆柱上显示默认的圆柱策略路径，如图 5-2-22 所示。在策略编辑区域双击其中一个“圆路径(1 截面)”选项，打开“圆路径”对话框，在该对话框中可以对圆路径的各项参数进行修改和设置，如图 5-2-23 所示。

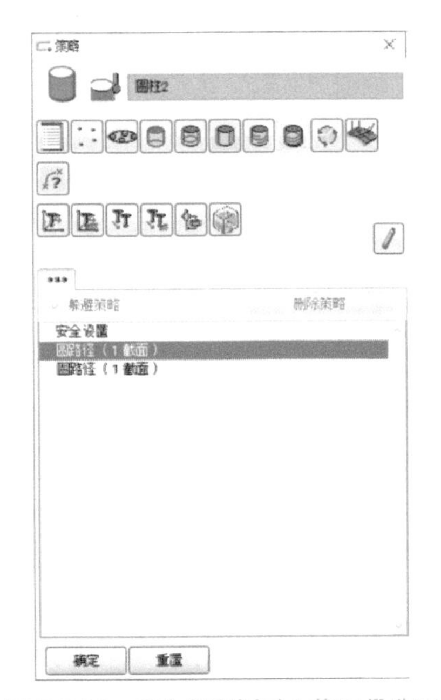

图 5-2-21 两个“圆路径(1 截面)”选项

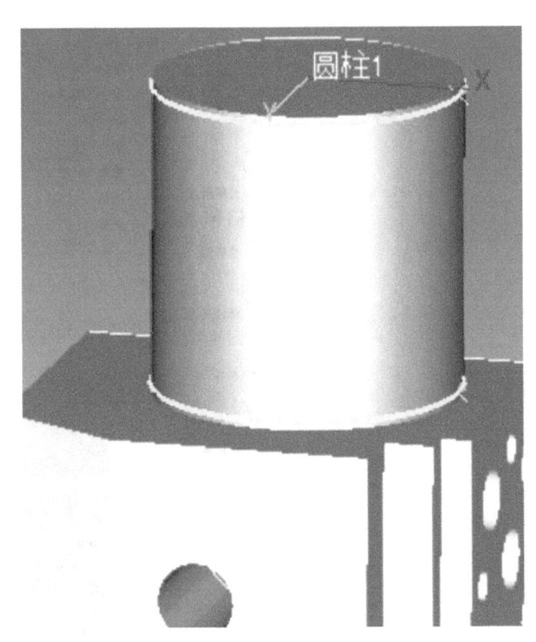

图 5-2-22 圆柱路径

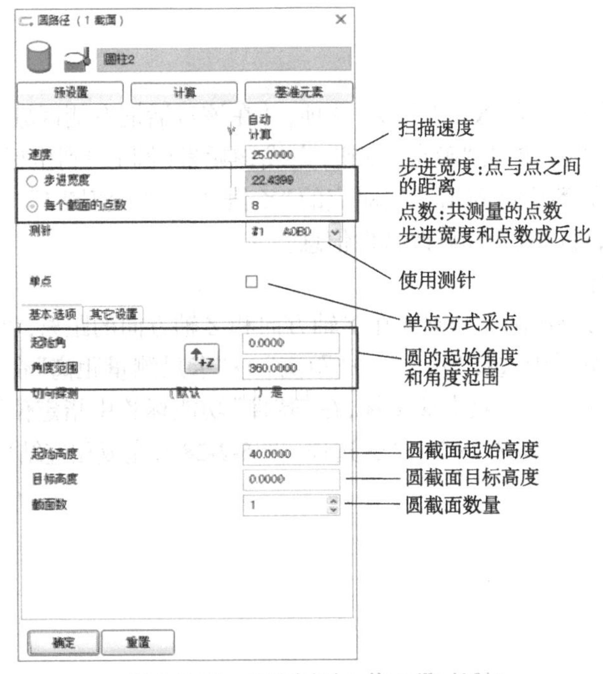

图 5-2-23 “圆路径(1 截面)”对话框

2)评定设置

以圆为例,在圆的“元素”对话框中单击“评定”按钮,弹出圆的“评定”对话框,在“评定方法预分配”下拉列表中可对评定方法进行设置,在“滤波/粗差”区域可以设置滤波和粗差,如图 5-2-24 所示。

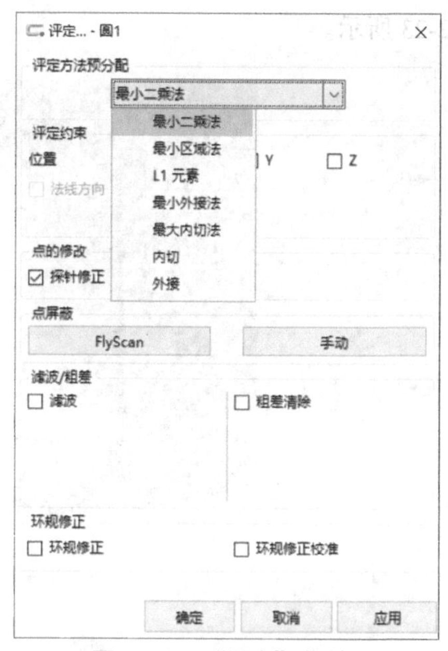

图 5-2-24 “评定”对话框

4. 尺寸公差输出和几何公差输出

1)尺寸公差输出

Ⅰ. 输出坐标

在“元素”对话框中勾选“X”“Y”“Z”选项,并在该对话框右侧区域修改公差值和标识符,如图 5-2-25 所示;然后单击“确定”按钮,完成该元素(圆心)到坐标零点的距离评价。此时,在“特性”功能标签中会新增三项对应的“X-值圆 1”“Y-值圆 1”“Z-值圆 1”特性(图 5-2-26),双击该特性,可以查看和修改特性信息。

Ⅱ. 卡尺测量距离

如图 5-2-27 所示,评价圆 3 和圆 4 在 *Y* 轴方向和 *Z* 轴方向的距离,可使用“卡尺测量距离”功能。首先在菜单栏中选择“尺寸”→“距离”→“卡尺测量距离”命令,“特性”功能标签下会出现“测量距离”图标,双击该图标,在“特性”功能标签中指定位置分别选择“圆 3”和“圆 4”,并选择“中心”,勾选“Y”和“Z”选项(图 5-2-28),完成相应结果的评价。

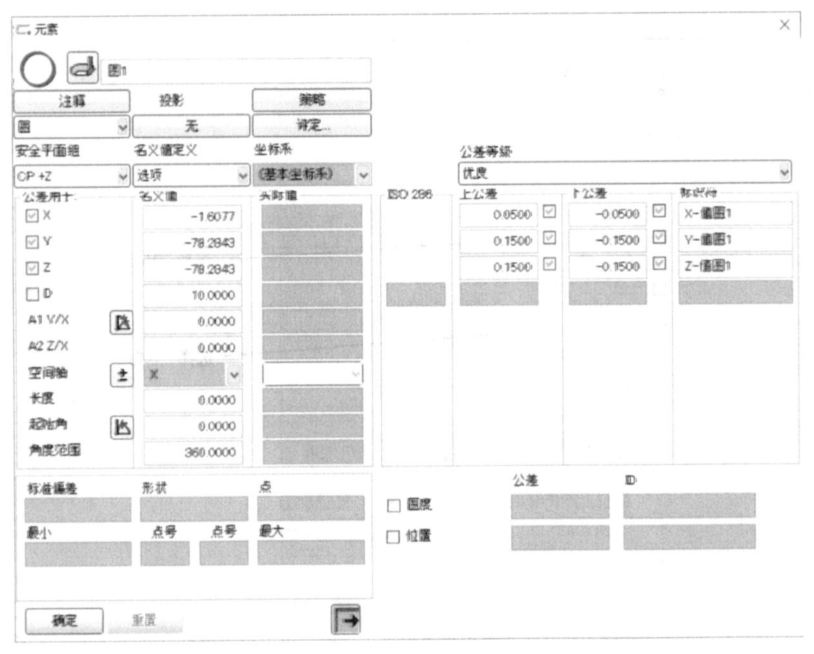

图 5-2-25　输出坐标值

图 5-2-26　坐标值特性

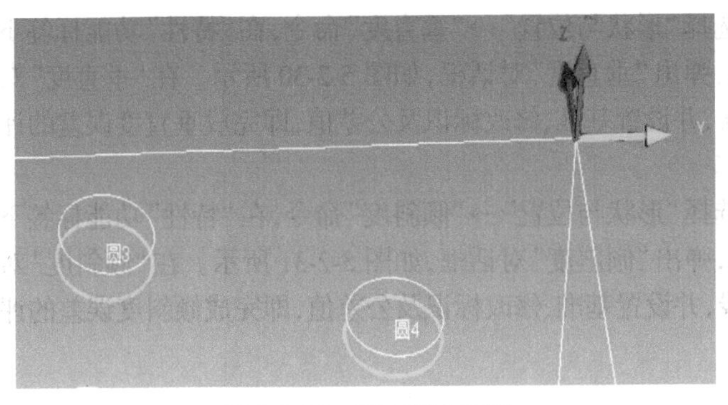

图 5-2-27　距离测量示例

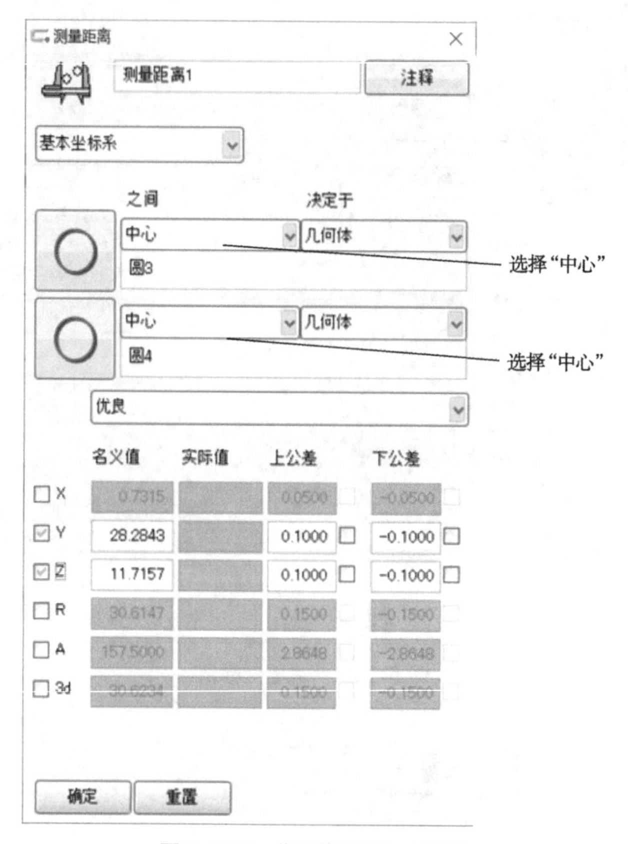

图 5-2-28 “测量距离”对话框

2）几何公差输出

Ⅰ. 平行度

在菜单栏中选择“形状与位置”→“平行度”命令，在“特性”功能标签下出现“平行度”图标，双击该图标，弹出“平行度”对话框，如图 5-2-29 所示。在“平行度”对话框的“元素”按钮处选择被测平面，并设置基准、修改标识及公差值，即完成平行度误差的评价。

Ⅱ. 垂直度

在菜单栏中选择“形状与位置”→“垂直度”命令，在“特性”功能标签下会出现“垂直度”图标，双击该图标，弹出“垂直度”对话框，如图 5-2-30 所示。在“垂直度”对话框的“元素”按钮处选择被测元素，并设置基准、修改标识及公差值，即完成垂直度误差的评价。

Ⅲ. 倾斜度

在菜单栏中选择“形状与位置”→“倾斜度”命令，在“特性”功能标签下会出现“倾斜度”图标，双击该图标，弹出“倾斜度”对话框，如图 5-2-31 所示。在“倾斜度”对话框的“元素”按钮处选择被测直线，并设置基准、修改标识及公差值，即完成倾斜度误差的评价。

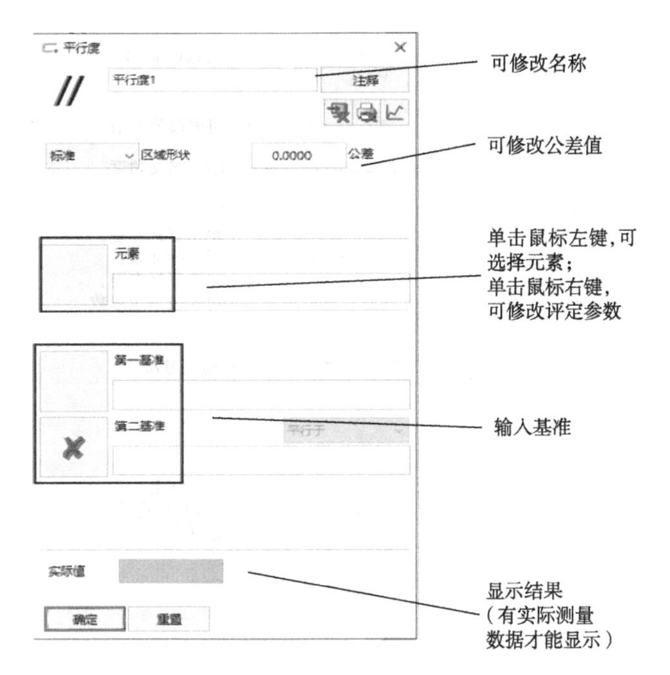

图 5-2-29 “平行度”对话框

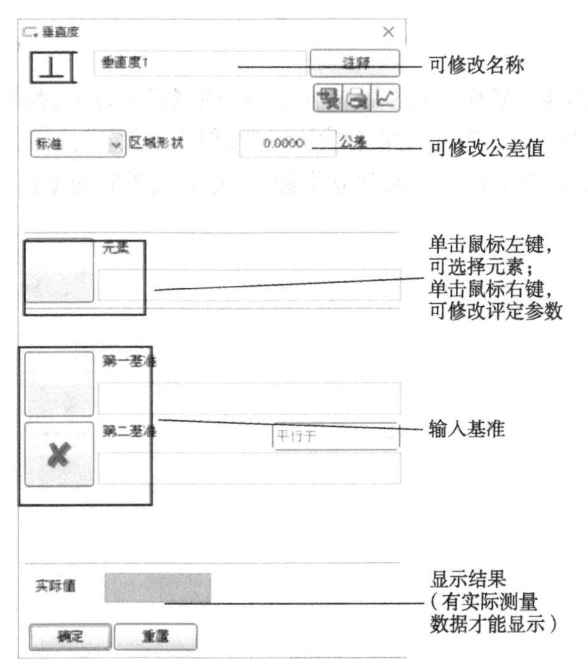

图 5-2-30 “垂直度”对话框

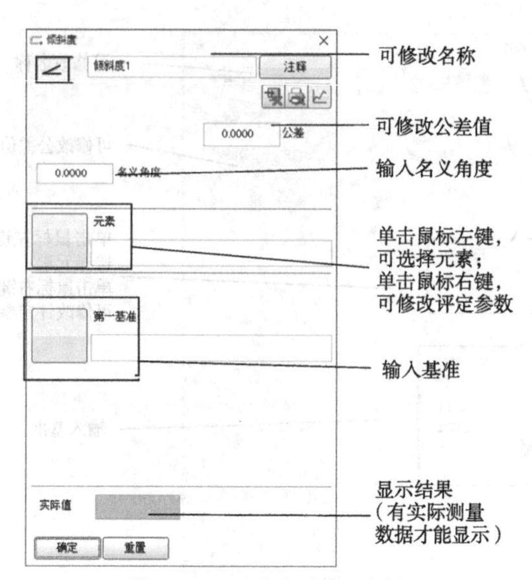

图 5-2-31 “倾斜度”对话框

☑ 任务步骤

1. 建立基础坐标系

在“测量程序”功能标签中单击“基本/初定位坐标系”图标，弹出“读取建立的或修改的基础坐标系”对话框（图 5-2-32），采用默认设置，单击“确定”按钮，弹出“基本坐标系”对话框。按照图 5-2-33 选择对应的元素建立坐标系，建立完成后的坐标系如图 5-2-34 所示。

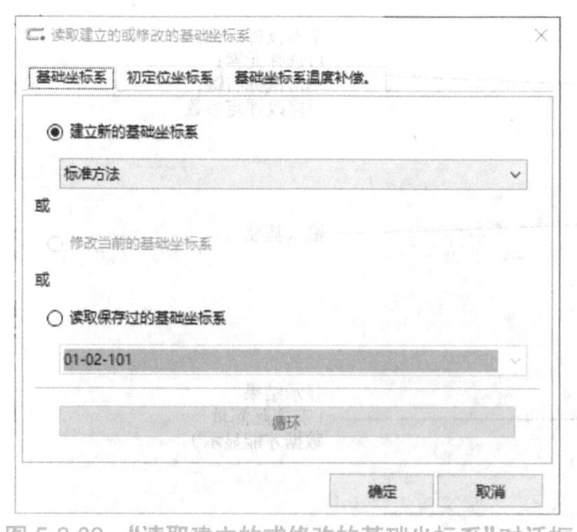

图 5-2-32 “读取建立的或修改的基础坐标系”对话框

图 5-2-33 建立坐标系

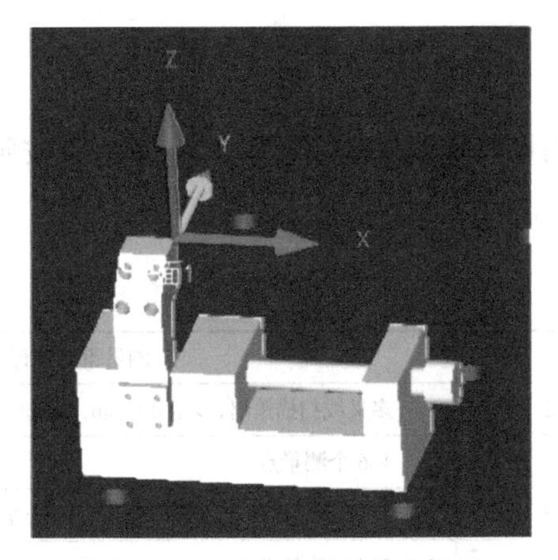

图 5-2-34　建立完成后的坐标系

2. 创建安全平面

在“测量程序”功能标签中单击“安全平面”按钮，弹出“安全平面”对话框(图 5-2-35)，单击“从 CAD 模型提前安全平面”按钮，在弹出的“边界距离”对话框中设置采用默认的 10 mm，单击“确定”按钮，完成安全平面的创建。

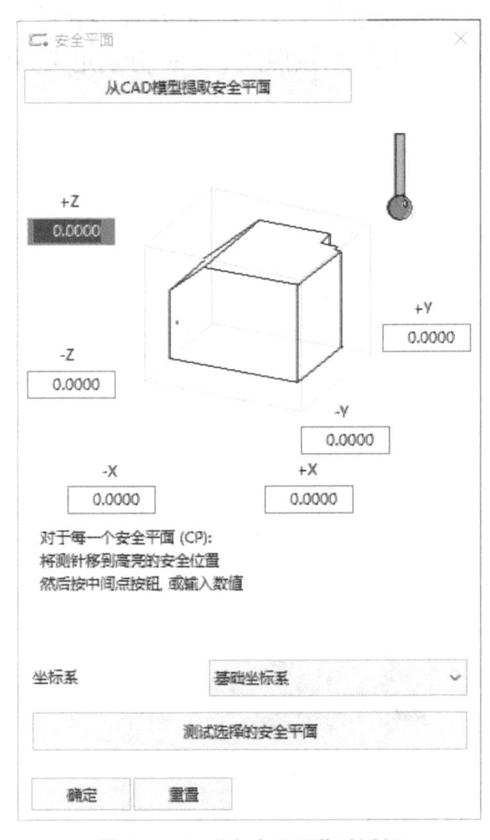

图 5-2-35　“安全平面”对话框

3. 定义元素及策略

按照图 5-1-3 所示的测量元素编号依次定义元素，各元素按照表 5-2-1 进行测量策略及评定设置。

表 5-2-1 测量策略及评定设置

序号	元素	测量策略及评定设置
1	平面 1、平面 2	多义线扫描策略，步距 0.1 mm，勾选滤波和粗差，滤波波长 0.8 mm
2	平面 3	4~6 个测量点
3	平面 4、平面 5	多义线扫描策略，步距 0.1 mm，勾选滤波和粗差，滤波波长 0.8 mm
4	直线 1、直线 2	2~4 个测量点
5	圆柱 1 至圆柱 4	5 层圆路径，每层 400° 范围，扫描至少 145 点，勾选滤波和粗差，滤波参数低通滤波 15UPR

4. 定义特性

1）定义“$4\times\phi5_{0}^{+0.05}$”特性

在菜单栏中选择“尺寸”→“标准”→“直径”命令，在“特性”功能标签下会出现“直径”图标，双击该图标，弹出“直径”对话框，按照图 5-2-36 分别定义圆柱 1、圆柱 2、圆柱 3、圆柱 4 的直径特性。

图 5-2-36 定义“$4\times\phi5_{0}^{+0.05}$”特性

2）定义“垂直度 ϕ0.02（基准 A）”特性

在菜单栏中选择“形状与位置”→“垂直度”命令，在“特性”功能标签下会出现“垂直度”图标，双击该图标，弹出“垂直度”对话框，按照图 5-2-37 分别定义圆柱 1、圆柱 2、圆柱 3、圆柱 4 的“垂直度 ϕ0.02（基准 A）”特性。

图 5-2-37　定义“垂直度 ϕ0.02（基准 A）”特性

3）定义“倾斜度 0.1（基准 B）”特性

在菜单栏中选择“形状与位置”→“倾斜度”命令，在“特性”功能标签下会出现“倾斜度”图标，双击该图标，弹出“倾斜度”对话框，按照图 5-2-38 定义“倾斜度 0.1（基准 B）”特性。

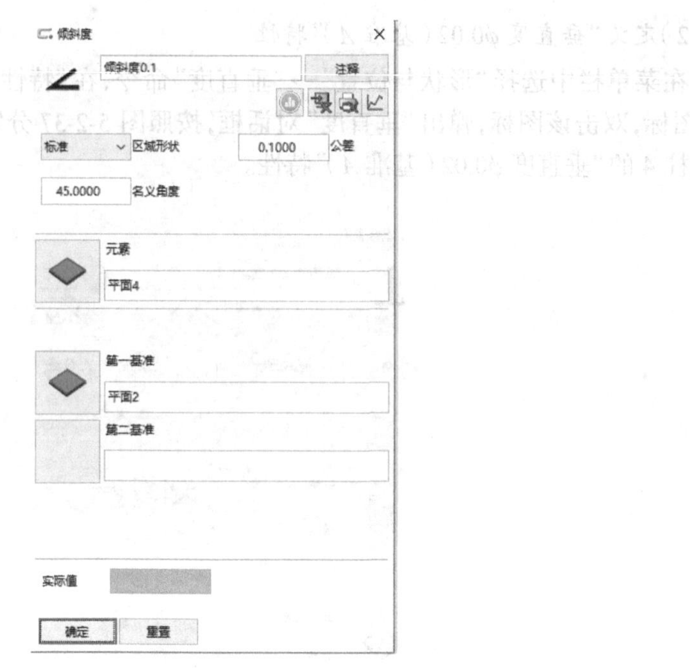

图 5-2-38 定义“倾斜度 0.1(基准 *B*)”特性

4)定义“平行度 0.05(基准 *A*)”特性

在菜单栏中选择“形状与位置”→“平行度”命令,在“特性”功能标签下会出现“平行度”图标,双击该图标,弹出“平行度”对话框,按照图 5-2-39 定义“平行度 0.05(基准 *A*)”特性。

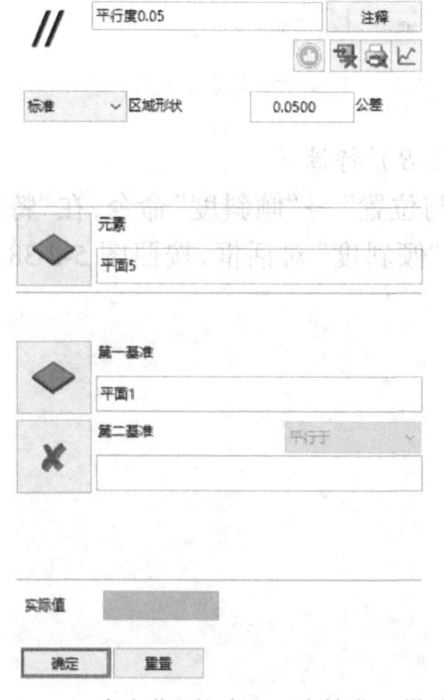

图 5-2-39 定义“平行度 0.05(基准 *A*)”特性

5)定义“16N9”特性

在菜单栏中选择“尺寸”→“距离”→“直角坐标距离”命令,在“特性”功能标签下会出现“直角坐标距离”图标,双击该图标,弹出“直角坐标距离”对话框,按照图 5-2-40 定义“16N9”特性。

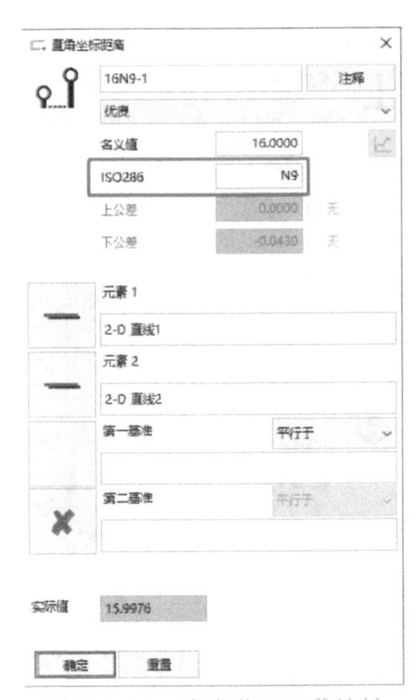

图 5-2-40 定义“16N9”特性

6)定义“50 ± 0.1”特性

在菜单栏中选择“尺寸”→“距离”→“卡尺距离”命令,在“特性”功能标签下会出现“卡尺距离”图标,双击该图标,弹出“卡尺距离”对话框,按如图 5-2-41 定义“50 ± 0.1”特性。

图 5-2-41 定义“50 ± 0.1”特性

7)定义"垂直度 0.03(基准 *A*)"特性

在菜单栏中选择"形状与位置"→"垂直度"命令,在"特性"功能标签下会出现"垂直度"图标,双击该图标,弹出"垂直度"对话框,按照图 5-2-42 定义"垂直度 0.03(基准 *A*)"特性。

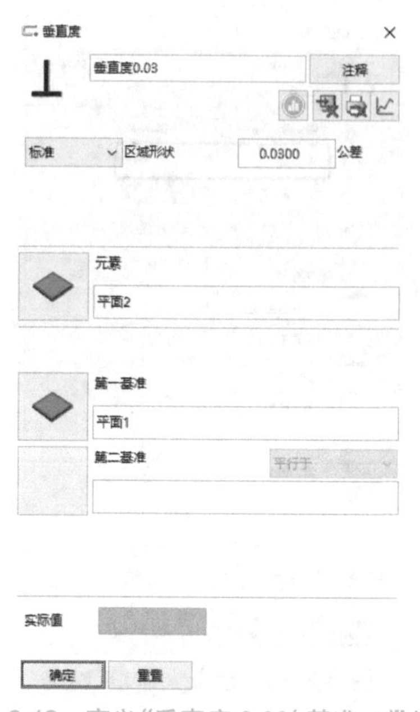

图 5-2-42 定义"垂直度 0.03(基准 *A*)"特性

8)定义"70±0.05"特性

在菜单栏中选择"尺寸"→"距离"→"卡尺距离"命令,在"特性"功能标签下会出现"卡尺距离"图标,双击该图标,弹出"卡尺距离"对话框,定义"70±0.05"特性。

☑ 任务评价

<table>
<tr><td>任务</td><td colspan="7"></td></tr>
<tr><td>班级</td><td></td><td>学号</td><td></td><td>姓名</td><td></td><td>日期</td><td></td></tr>
<tr><td>项次</td><td colspan="3">项目与技术要求</td><td>参考分值</td><td colspan="2">实测记录</td><td>得分</td></tr>
<tr><td>1</td><td colspan="3">遵守纪律、课堂互动</td><td>10</td><td colspan="2"></td><td></td></tr>
<tr><td>2</td><td colspan="3">建立坐标系</td><td>20</td><td colspan="2"></td><td></td></tr>
<tr><td>3</td><td colspan="3">创建安全平面</td><td>10</td><td colspan="2"></td><td></td></tr>
<tr><td>4</td><td colspan="3">定义元素及策略</td><td>30</td><td colspan="2"></td><td></td></tr>
<tr><td>5</td><td colspan="3">定义特性</td><td>30</td><td colspan="2"></td><td></td></tr>
<tr><td colspan="4">总计得分</td><td colspan="4"></td></tr>
<tr><td colspan="8">学生任务总结：</td></tr>
<tr><td colspan="8">教师点评：</td></tr>
</table>

任务3　输出测量结果

☑ 任务内容

针对图 5-1-1 所示零件,在运行测量程序前,需要正确设置安全五项,然后运行测量程序,并输出测量报告。

☑ 任务目标

(1)理解安全五项的含义。
(2)能够正确设置安全五项。
(3)能够正确运行测量程序。
(4)能够输出打印测量报告。

☑ 任务准备

(1)设备准备:确认设备无故障。
(2)文件准备:前序任务完成后的项目文件。

☑ 知识链接

1. 安全五项

在运行测量程序前,为了保证测量机运行的安全,需要设置安全五项参数。安全五项包括安全平面组、安全距离、回退距离、探针系统、测针共五项内容,具体含义及作用见表 5-3-1。

表 5-3-1　安全五项

名称	释义
安全平面组	指一组与坐标系方向一致的空间虚拟平面,从空间 6 个方向将工件测量区域包容在中间并留有一定间隙。机器运行时要求探针组在元素与元素之间的路径必须位于虚拟平面之外,以保证设备运行的安全。测量程序中需要设置每个元素的进针方向,如“CP+Z”即从+Z 方向进针
安全距离	指测针沿被测元素自身坐标系 Z 方向运行的一段距离(元素自身坐标系是跟随元素设定的,用于定义元素内部测点相对位置等),用于设定特定的测针运行轨迹,防止碰撞。对于圆、圆柱、圆锥、圆槽等环形封闭的几何元素,其安全距离的方向为轴线方向;对于点、直线、平面等几何元素,其安全距离为元素法向方向的距离
回退距离	接近距离是指测针探测工件表面点时将运行速度调整为探测速度并沿测点法向运行的一段距离,回退距离是指探测完成后沿测点法向回退的距离,软件中通常将这两段距离设置成相同的距离,统一称为回退距离
探针系统	指为被测元素选定的探针组
测针	指为被测元素设定的测针,包含测针名及测针号,如 A0B0 测针、A0B90 测针,或固定式探针组中 1 号测针、2 号测针等

在程序运行过程中,从一个元素到另一个元素,测针始终在安全平面上运动,然后从安全距离位置接近,在元素内部测一个点发生一个回退量,再测下一个点,直到单个元素测量完成,接着沿着安全距离方向离开,到安全距离位置升到该元素所设置的安全平面。其循环关系如图 5-3-1 所示。

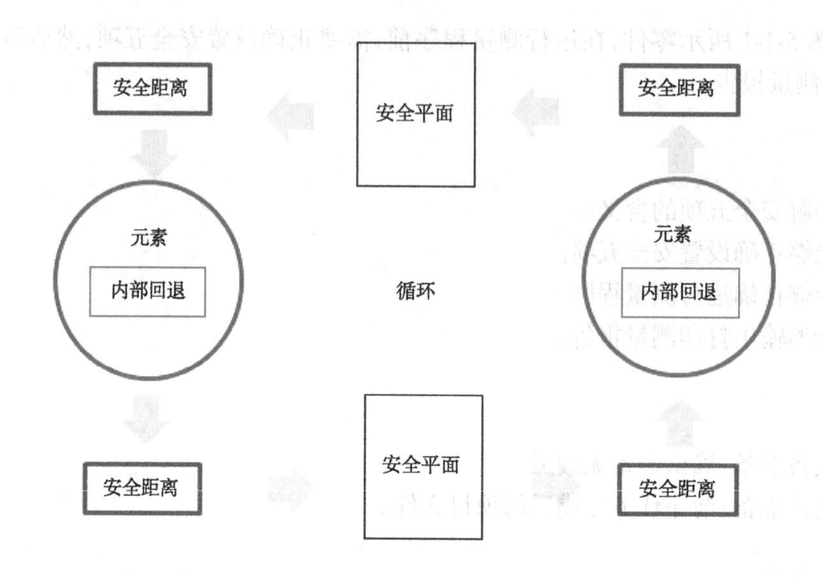

图 5-3-1 循环关系

以图 5-3-2 所示工件为例,如果需要测量 A、B、C、D 四个孔,运行顺序为 A→B→C→D,其安全五项的参数设置见表 5-3-2,运行轨迹如图 5-3-3 所示。

表 5-3-2 安全五项参数

元素	安全平面	安全距离	回退距离	探针组	测针
A	CP+Z	22	5	S	1#
B	CP+Z	15	2	S	1#
C	CP−X	20	3	X	4#
D	CP−X	I7	2	S	3#

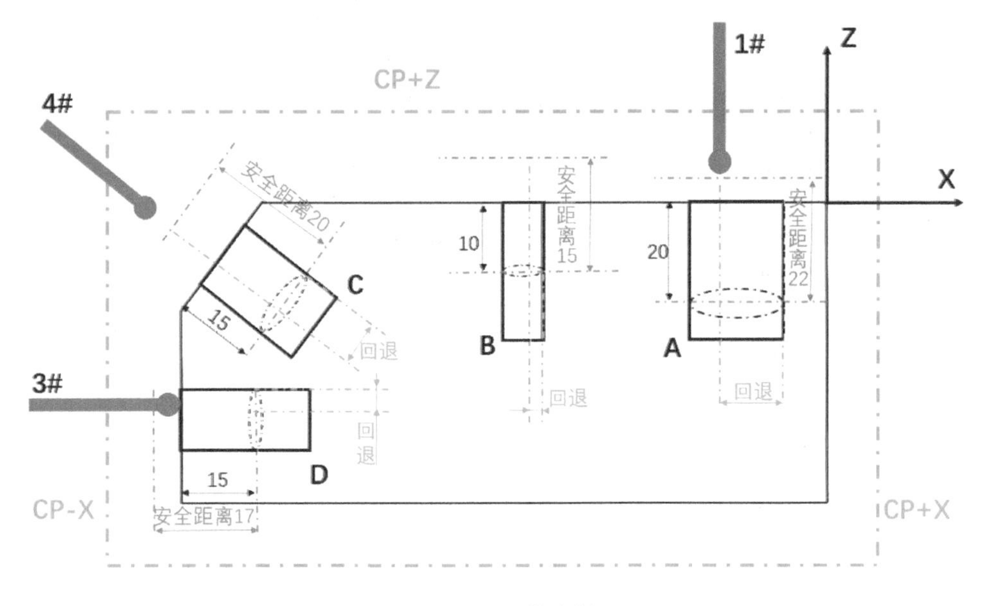

图 5-3-2　工件案例

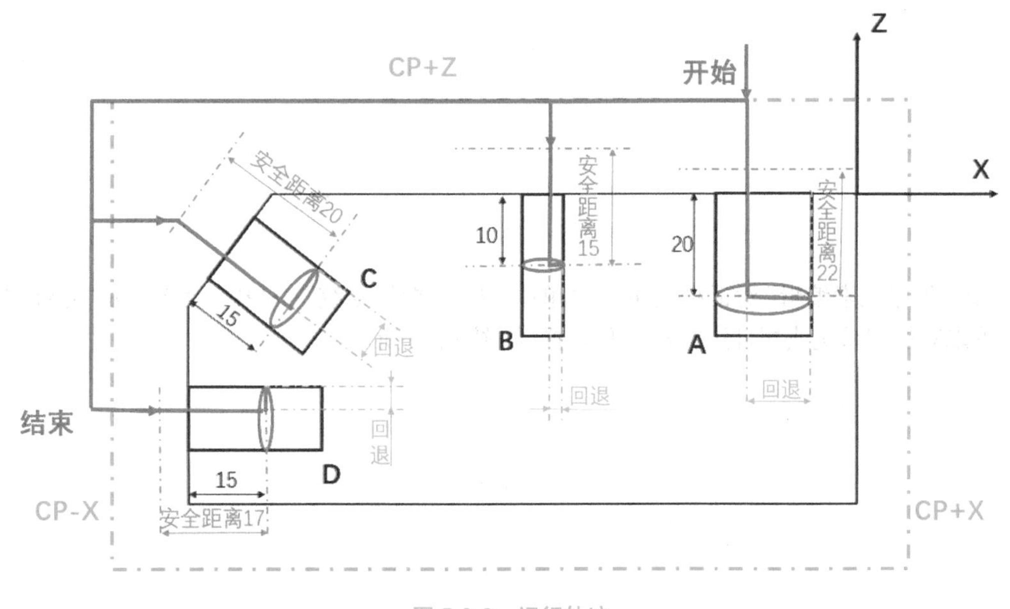

图 5-3-3　运行轨迹

2. 安全五项设置方法

在菜单栏中选择“资源”→“元素设置编辑”命令，进入“程序元素编辑”对话框。在“程序元素编辑”对话框的下拉菜单中，选择“移动”选项，出现“安全平面组”“安全距离”“回退距离”等选项，如图 5-3-4 所示。选择相应的选项可以对其进行检查和设置，例如选择“安全平面组”选项，可以为各个元素设置进针方向，如图 5-3-5 所示。

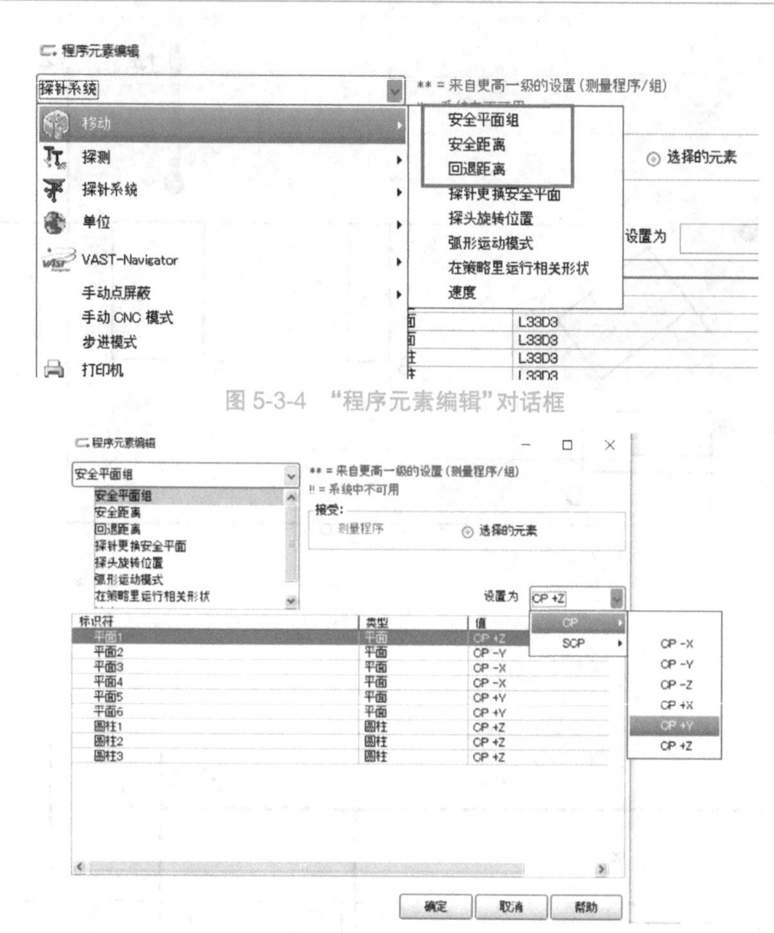

图 5-3-4 “程序元素编辑”对话框

图 5-3-5 安全平面组

在“程序元素编辑”对话框的下拉菜单中，选择“探针系统”→“探针系统”或“测针”选项，可以对探测系统或测针进行检查和设置，如图 5-3-6 所示。

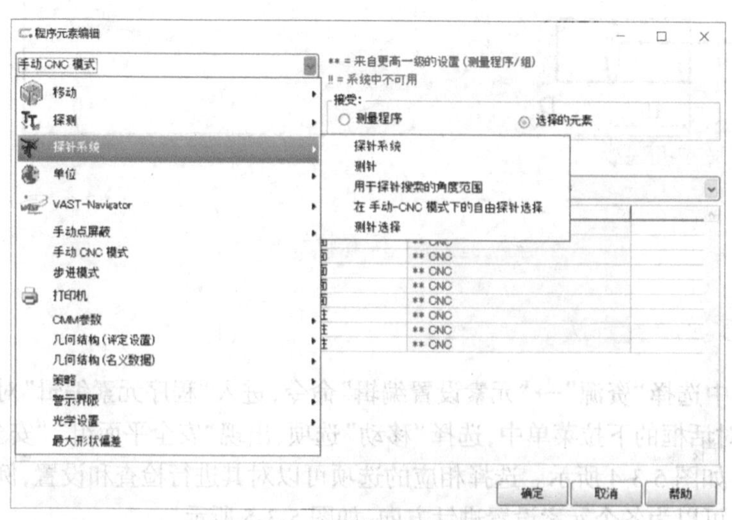

图 5-3-6 设置探针系统或测针

3. 运行测量程序

运行程序前，调节手柄上的速度控制旋钮，将运行速度调到最慢。在菜单栏中选择“程序”→“CNC-启动”命令，进入“启动多个元素”对话框。按照图 5-3-7 进行设置，设置完成后单击“开始”按钮。

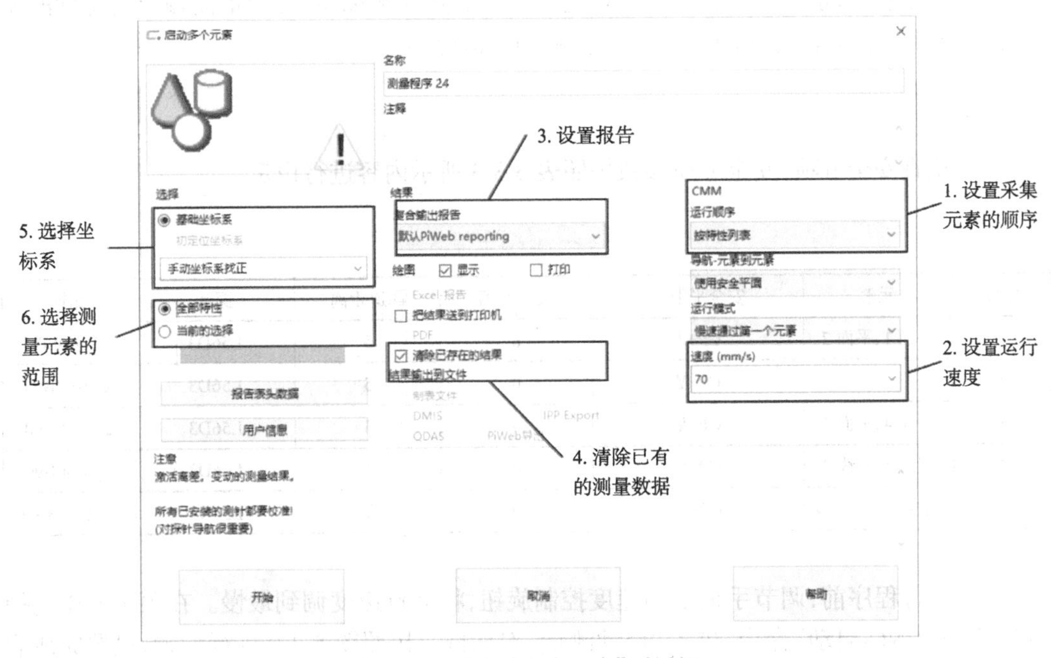

图 5-3-7 “启动多个元素”对话框

程序将运行手动坐标系，即按照程序提示“手动”采集建立基础坐标系所使用的元素，如图 5-3-8 所示。注意，在探测完一个元素的最少点数后，可以单击“确定”按钮，跳到下一个元素。完成“手动”采集基础坐标系后，系统将自动运行程序，操作人员应认真观察探测过程，对发生的不安全、不合理的路径进行记录，然后优化测量程序。

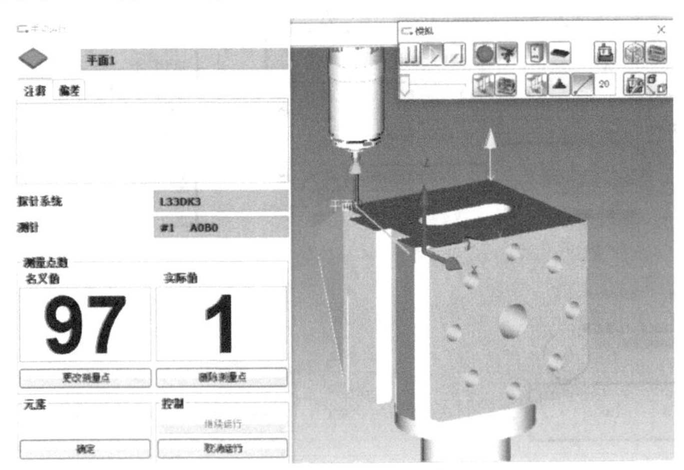

图 5-3-8 手动运行

注意，当在“启动多个元素”对话框中设置坐标系时，需要根据具体情况选择对应的坐标系。

(1)手动坐标系找正:手动在工件上采点来建立坐标系，适用于第一次测量或无定位工装。

(2)当前坐标系：CMM 将跳过采点建立坐标系的步骤直接测量相关元素，适用于工件没有任何移动，需要重复或继续测量。

(3)测量程序同名的坐标系：CMM 先自动采点建立坐标系，再测量需输出的特性的相关元素，适用于有工装夹具，工件仅有轻微移动的情况。

☑ 任务步骤

(1)检查安全五项，安全五项参数按照表 5-3-3 所示内容进行设定。

表 5-3-3 安全五项参数

序号	元素	安全平面组	安全距离	回退距离	探针	测针
1	平面 1、平面 2	CP+Z	0	5	L56D3	1_A0B0
2	平面 3	CP-Y	0	5	L56D3	2_A-90B90
3	平面 4、平面 5	CP-Y	0	5	L56D3	2_A-90B90
4	直线 1、直线 2	CP-Y	0	1	L56D3	2_A-90B90
5	圆柱 1 至圆柱 4	CP+Y	0	1	L56D3	4_A-90B-90

(2)运行程序前，调节手柄上的速度控制旋钮，将运行速度调到最慢。在菜单栏中选择“程序”→“CNC-启动”命令，进入“启动测量”对话框。按照图 5-3-9 进行设置，设置完成后单击“开始”按钮。

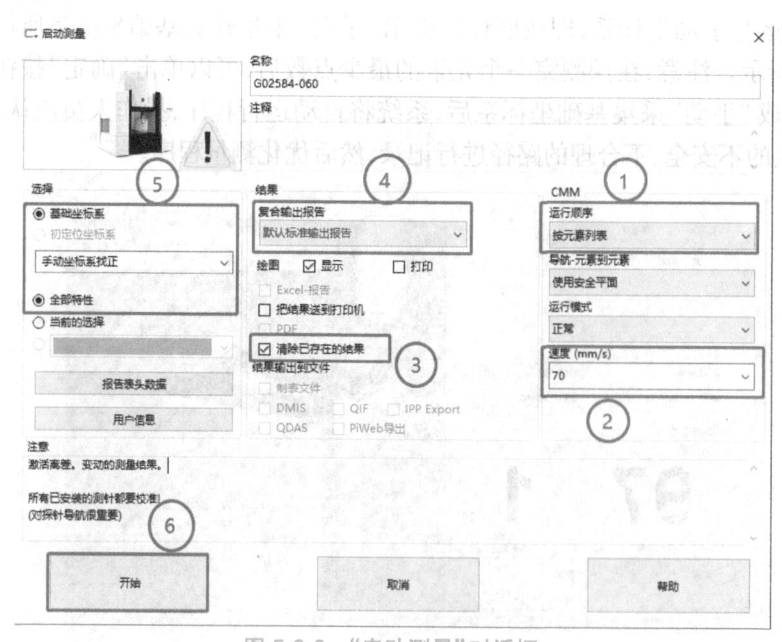

图 5-3-9 “启动测量”对话框

（3）程序运行完成，自动输出测量报告，如图 5-3-10 所示。

ZEISS

ZEISS CALYPSO

6.8.24

部件名称	**测量程序 56**
图号	
订单号	
变体	
公司	
部门	
CMM 类型	CONT_G2
CMM 号	000000
操作者	Master
文本		

最近 1 测量

▶ 批准 ≠ 集合成块

部件标识符	4
时间/日期	2021/12/3 14:56
运行	全部特性
测量值数量	12
编号数值: 红色	● 1
Measurement Duration	00:00:01.0

名称	测量值	名义值	+公差	-公差	偏差 +/-	
Ø 4XD5-圆柱1	4.9990	5.0000	0.0500	0.0000	-0.0010	-0.0010
⊥ 垂直度0.02-圆柱1	0.0026	0.0000	0.0200	0.0000	0.0026	
⊥ 垂直度0.02-圆柱2	0.0021	0.0000	0.0200	0.0000	0.0021	
⊥ 垂直度0.02-圆柱3	0.0030	0.0000	0.0200	0.0000	0.0030	
⊥ 垂直度0.02-圆柱4	0.0015	0.0000	0.0200	0.0000	0.0015	
∠ 倾斜度0.1	0.0167	0.0000	0.1000	0.0000	0.0167	
// 平行度0.05	0.0198	0.0000	0.0500	0.0000	0.0198	
16N9	15.9976	16.0000	0.0000	-0.0430	-0.0024	
16N9-1	15.9976	16.0000	0.0000	-0.0430	-0.0024	
50±0.1_Y	49.9989	50.0000	0.1000	-0.1000	-0.0011	
⊥ 垂直度0.03	0.0186	0.0000	0.0300	0.0000	0.0186	
70±0.05_Z	70.0021	70.0000	0.0500	-0.0500	0.0021	

图 5-3-10　测量报告

☑ 任务评价

<table>
<tr><td>任务</td><td colspan="7"></td></tr>
<tr><td>班级</td><td></td><td>学号</td><td></td><td>姓名</td><td></td><td>日期</td><td></td></tr>
<tr><td>项次</td><td colspan="3">项目与技术要求</td><td>参考分值</td><td colspan="2">实测记录</td><td>得分</td></tr>
<tr><td>1</td><td colspan="3">遵守纪律、课堂互动</td><td>10</td><td colspan="2"></td><td></td></tr>
<tr><td>2</td><td colspan="3">安全五项定义理解</td><td>20</td><td colspan="2"></td><td></td></tr>
<tr><td>3</td><td colspan="3">安全五项正确设置</td><td>20</td><td colspan="2"></td><td></td></tr>
<tr><td>4</td><td colspan="3">运行程序</td><td>30</td><td colspan="2"></td><td></td></tr>
<tr><td>5</td><td colspan="3">生成测量报告</td><td>20</td><td colspan="2"></td><td></td></tr>
<tr><td colspan="4">总计得分</td><td colspan="4"></td></tr>
<tr><td colspan="8">学生任务总结：</td></tr>
<tr><td colspan="8">教师点评：</td></tr>
</table>

任务 4　测量结果分析

☑ 任务内容

使用 CALYPSO 软件,完成几何误差数据的分析。

☑ 任务目标

(1)掌握平行度、垂直度和倾斜度误差的基本概念。
(2)能够获得平行度、垂直度和倾斜度误差数据。

☑ 任务准备

(1)软件准备:打开 CALYPSO 测量软件。
(2)设备准备:确认设备无故障。

☑ 知识链接

1. 平行度

1)平行度公差的概念

平行度公差的标注及解读见表 5-4-1。

表 5-4-1　平行度公差

形状公差项目	标注示例	识读	解读含义
面对基准面的平行度	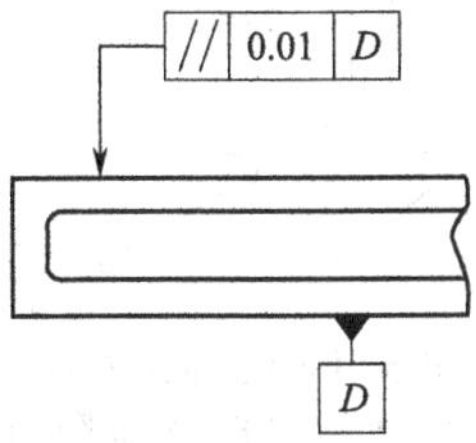 // 0.01 D D	上平面对底平面 D 的平行度公差为 0.01 mm	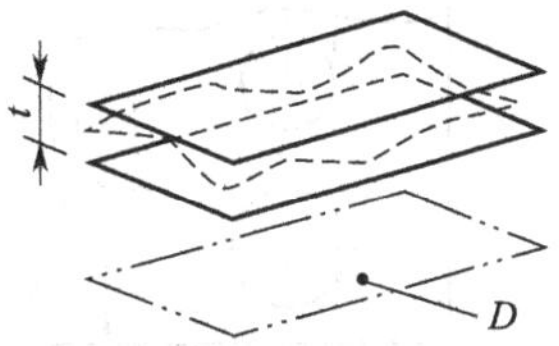 t D 提取(实际)表面应限定在间距等于 0.01 mm(公差值 t)、平行于基准平面 D 的两平行平面之间
面对基准线的平行度	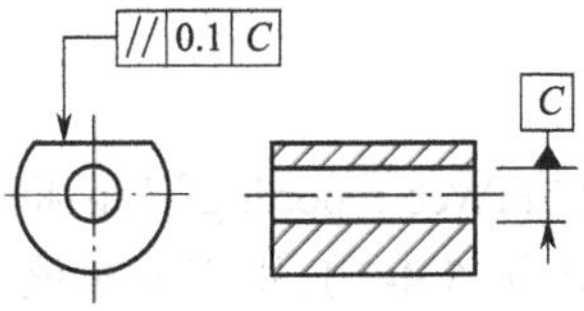 // 0.1 C C	上平面对孔轴线的平行公差为 0.1 mm	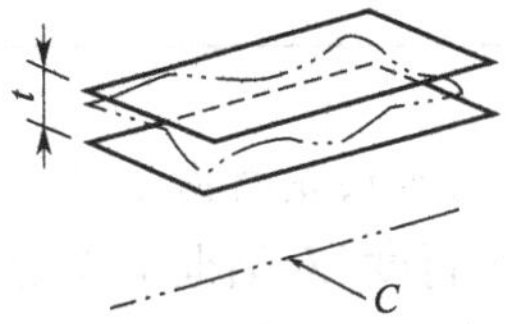 t C 提取(实际)表面应限定在间距等于 0.1 mm(公差值 t)、平行于基准轴线 C 的两平行平面之间

续表

形状公差项目	标注示例	识读	解读含义
线对基准面的平行度		孔的轴线对底平面 *B* 的平行度公差为 0.01 mm	提取(实际)中心线应限定在平行于基准平面 *B*、间距等于 0.01 mm(公差值 *t*)的两平行平面之间
线对基准线的平行度		被测孔的轴线对基准孔的轴线 *A* 的平行度公差为 ϕ0.03 mm	提取(实际)中心线应限定在平行于基准轴线 *A*、直径等于 ϕ0.03 mm(公差值 ϕt)的圆柱面内
线对基准体系的平行度		被测孔的轴线对基准孔的轴线 *A* 和基准平面 *B* 的平行度公差为 0.1 mm	提取(实际)中心线应限定在间距等于 0.1 mm(公差值 *t*)、平行于基准轴线 *A* 和基准平面 *B* 的两平行平面之间
		被测孔的轴线对基准孔的轴线 *A* 和基准平面 *B* 的平行度公差为 0.1 mm	提取(实际)中心线应限定在间距等于 0.1 mm 的两平行平面之间,该两平行平面平行于基准轴线 *A* 且垂直于基准平面 *B*

2)平行度误差数据分析

在“平行度”对话框中单击“图形分析”图标,弹出“PiWeb reporting”对话框(图 5-4-1),单击“绘图”按钮,出现“PlotProtocol 绘图报告”对话框(图 5-4-2),用于分析该平行度误差数据。

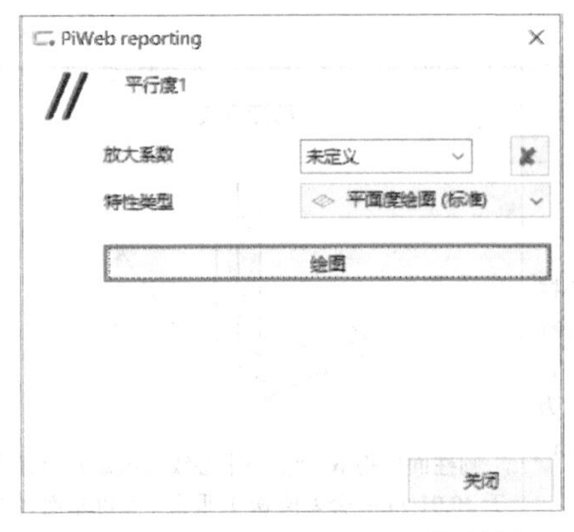

图 5-4-1　“PiWeb reporting”对话框

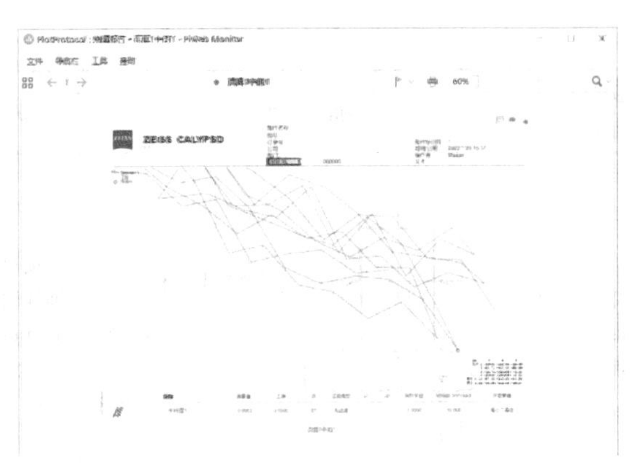

图 5-4-2　“PlotProtocol 绘图报告”对话框

2. 垂直度

1)垂直度公差的概念

垂直度公差的标注及解读见表 5-4-2。

表 5-4-2　垂直度公差

形状公差项目	标注示例	识读	解读含义
面对基准面的垂直度	⊥ 0.08 A；A	被测平面对底面 A 的垂直度公差为 0.08 mm	A；t 提取(实际)表面应限定在间距等于 0.08 mm (公差值 t)、垂直于基准平面 A 的两平行平面之间
面对基准线的垂直度	A；⊥ 0.08 A	平面对圆柱轴线 A 的垂直度公差为 0.08 mm	A；t 提取(实际)表面应限定在间距等于 0.08 mm (公差值 t)的两平行平面之间，该两平行平面垂直于基准轴线 A

续表

形状公差项目	标注示例	识读	解读含义
线对基准面的垂直度	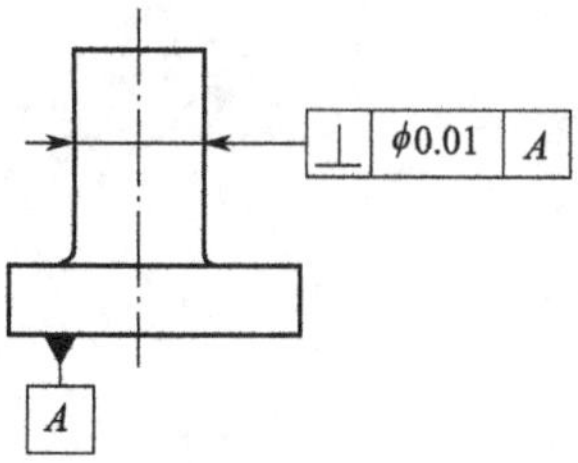	被测圆柱轴线对基准面 A 的垂直度公差为 ϕ0.01 mm	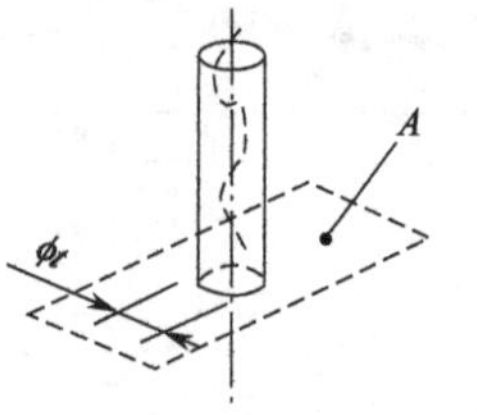 圆柱面的提取（实际）中心线应限定在直径等于 ϕ0.01 mm（公差值 ϕt）、垂直于基准平面 A 的圆柱面内
线对基准线的垂直度	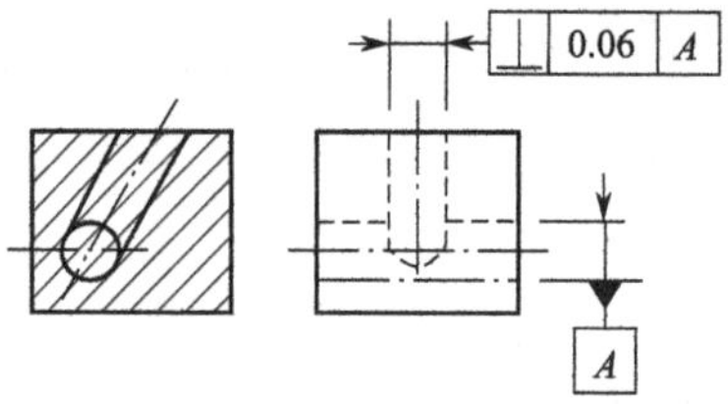	被测孔的轴线对基准线 A 的垂直度公差为 0.06 mm	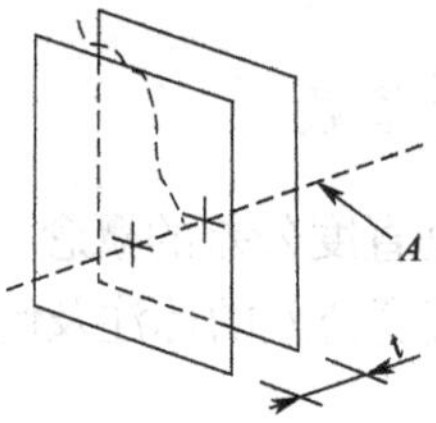 提取（实际）中心线应限定在间距等于 0.06 mm（公差值 t）、垂直于基准轴线 A 的两平行平面之间
线对基准体系的垂直度	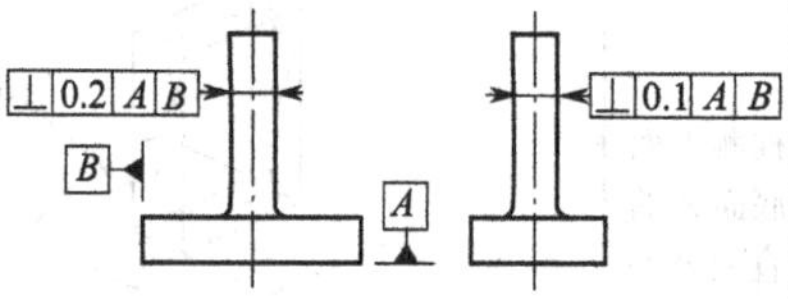	被测圆柱的轴线对基准体系的垂直度公差分别为 0.1 mm 和 0.2 mm	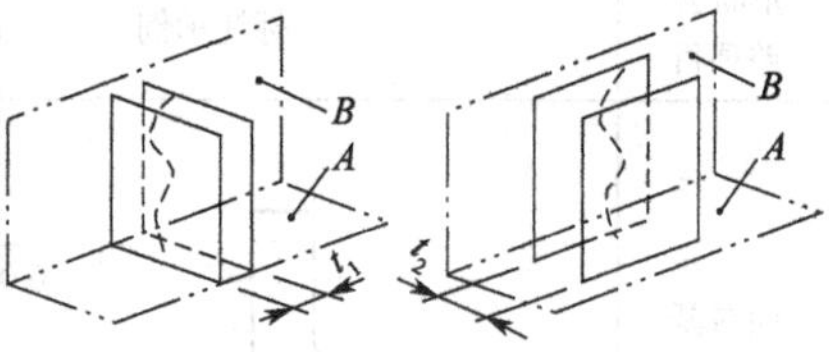 圆柱的提取（实际）中心线应限定在间距分别等于 0.1 mm（公差值 t_1）和 0.2 mm（公差值 t_2），且相互垂直的两组平行平面内，该两组平行平面垂直于基准平面 A，且垂直或平行于基准平面 B

2）垂直度误差数据分析

在“垂直度”对话框中单击“图形分析”图标，弹出“PiWeb reporting”对话框（图 5-4-3），单击“绘图”按钮，出现“PlotProtocol 绘图报告”对话框（图 5-4-4），用于分析该垂直度误差数据。

图 5-4-3　“PiWeb reporting”对话框

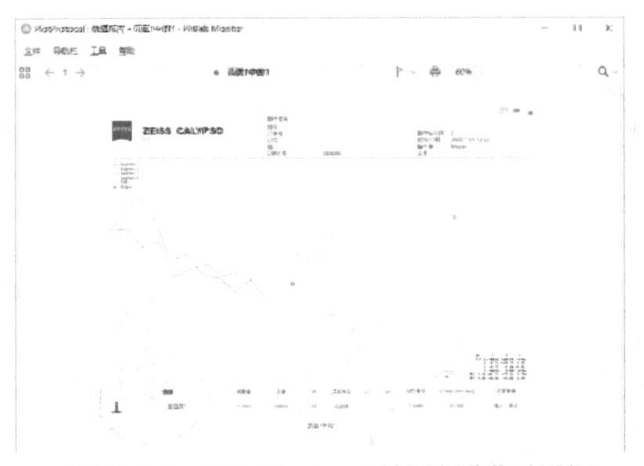

图 5-4-4　“PlotProtocol 绘图报告”对话框

3. 倾斜度误差数据分析

1)倾斜度公差的概念

倾斜度公差的标注及解读见表 5-4-3。

表 5-4-3　倾斜度公差

形状公差项目	标注示例	识读	解读含义
线对基准线的倾斜度	∠ 0.08 A—B; 60°; A; B	被测中心轴线对公共基准轴线 A—B 的倾斜度公差为 0.08 mm(理论正确角度为 60°)	提取(实际)中心轴线应限定在间距等于 0.08 mm(公差值 t)的两平行平面之间，该两平行平面按理论正确角度 60° 倾斜于公共基准轴线 A—B
线对基准面的倾斜度	∠ 0.08 A; 60°; A	被测中心轴线对基准平面 A 的倾斜度公差为 0.08 mm (理论正确角度为 60°)	提取(实际)中心轴线应限定在间距等于 0.08 mm(公差值 t)的两平行平面之间，该两平行平面按理论正确角度 60° 倾斜于基准平面 A

续表

形状公差项目	标注示例	识读	解读含义
面对基准线的倾斜度	∠ 0.1 A；A；75°	被测平面对基准中心轴线 *A* 的倾斜度公差为 0.1 mm（理论正确角度为 75°）	α；A；t 提取（实际）表面应限定在间距等于 0.1 mm（公差值 *t*）的两平行平面之间，该两平行平面按理论正确角度 75° 倾斜于基准轴线 *A*
面对基准面的倾斜度	∠ 0.08 A；40°；A	被测平面对基准平面 *A* 的倾斜度公差为 0.08 mm（理论正确角度为 40°）	α；A；t 提取（实际）表面应限定在间距等于 0.08 mm（公差值 *t*）的两平行平面之间，该两平行平面按理论正确角度 40° 倾斜于基准平面 *A*

2）倾斜度误差数据分析

在“倾斜度”对话框中单击“图形分析”图标，弹出“PiWeb reporting”对话框（图 5-4-5），单击“绘图”按钮，出现“PlotProtocol 绘图报告”对话框（图 5-4-6），用于分析该倾斜度误差数据。

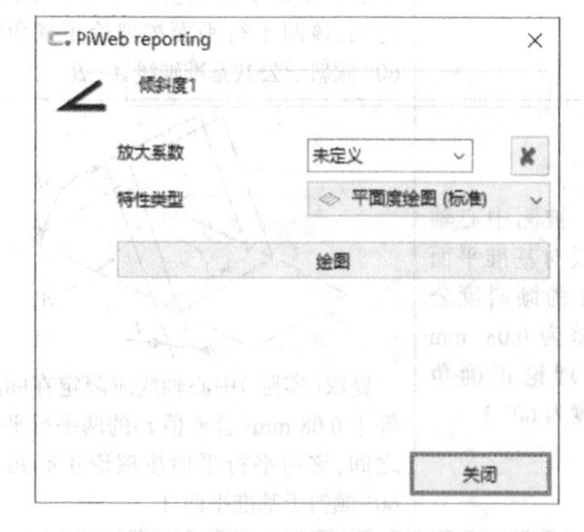

图 5-4-5　“PiWeb reporting”对话框

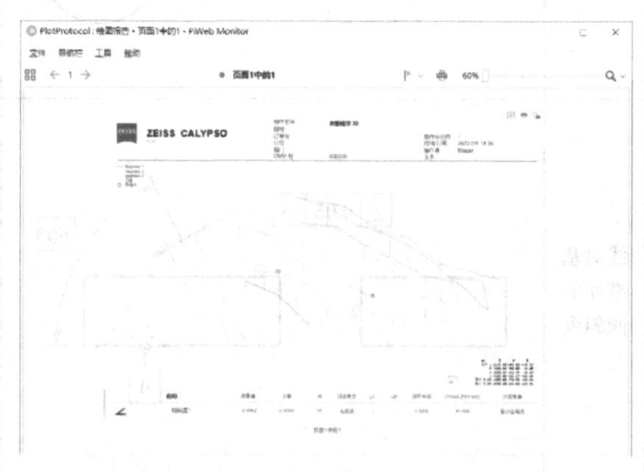

图 5-4-6　“PlotProtocol 绘图报告”对话框

☑ 任务步骤

（1）正确理解平行度的概念，并使用软件分析平行度误差数据。

（2）正确理解垂直度的概念，并使用软件分析垂直度误差数据。

（3）正确理解倾斜度的概念，并使用软件分析倾斜度误差数据。

☑ 任务评价

<table>
<tr><td>任务</td><td colspan="6"></td></tr>
<tr><td>班级</td><td></td><td>学号</td><td></td><td>姓名</td><td></td><td>日期</td></tr>
<tr><td>项次</td><td colspan="3">项目与技术要求</td><td>参考分值</td><td>实测记录</td><td>得分</td></tr>
<tr><td>1</td><td colspan="3">遵守纪律、课堂互动</td><td>10</td><td></td><td></td></tr>
<tr><td>2</td><td colspan="3">理解平行度、垂直度、倾斜度概念</td><td>30</td><td></td><td></td></tr>
<tr><td>3</td><td colspan="3">平行度误差数据分析</td><td>20</td><td></td><td></td></tr>
<tr><td>4</td><td colspan="3">垂直度误差数据分析</td><td>20</td><td></td><td></td></tr>
<tr><td>5</td><td colspan="3">倾斜度误差数据分析</td><td>20</td><td></td><td></td></tr>
<tr><td colspan="4">总计得分</td><td colspan="3"></td></tr>
<tr><td colspan="7">学生任务总结：</td></tr>
<tr><td colspan="7">教师点评：</td></tr>
</table>

精密检测仪器被广泛应用在工业产品的检测上，随着国内工业的发展，精密检测仪器的市场需求不断增加。精密检测仪器目前已成为工业发展不可或缺的一个产业，是新兴产业中高速发展的一个行业。

从精密检测仪器进入国内的市场开始到今天，我们可以将精密检测仪器在国内的发展历程划分为三个阶段，即简单的投影仪阶段、高精度二维影像测量仪与高端三坐标测量机阶段。下面对这三个阶段分别进行简单的解读。

简单的投影仪：为了适应市场的发展需求，为现代工业的发展提供检测依据，20世纪90年代精密检测仪器正式进入中国市场，成为一个新兴的以检测为主的产业。在最初进入国内市场时，精密检测仪器的发展并不如我们想象的那么顺利，因为它毕竟属于新兴产业，我们很多人都没有接触过，并不知道它的未来发展会如何。

高精度二维影像测量仪：随着社会的不断发展，国内的工业水平不断提升，因此简单的投影仪已经无法满足市场和行业的需求，在这种情况下，二维影像测量仪就成为行业发展的必然产品，它为产品的复杂检测提供了坚实的基础。

高端三坐标测量机：进入21世纪，更多的产品需要进行三维检测，这样才能更好地为现代社会的发展提供服务，所以国内的精密检测企业就在二维影像测量仪的基础上研发生产了三坐标测量机，从而实现更高端产品的三维检测任务。

我们从精密检测仪器发展的三部曲中可以看出，它和每一个产品或者行业的发展历程一样，都是由简单开始，慢慢地往高端产品发展，最终实现更高端的检测服务。因此，在精密检测仪器之后的发展中，为不断满足市场和客户的需求，必将推出更为高端的精密检测仪器。

附录　汽车轮罩部品检具测量

一、冲压件检测的目的

了解制造过程中对冲压产品质量的描述、检验方法，以及对产品数据进行判断的标准和产品缺陷的记录，为在制造过程中控制产品质量提供依据。

二、冲压件产品的主要问题点

（1）外观：裂纹、起皱、锈蚀、毛刺过大、拉毛、压痕、划伤等。

（2）尺寸：孔偏、少边、少控、孔径尺寸偏差、型面尺寸偏差等。

三、冲压件检查法分析

1. 基准孔与基准面

基准孔与基准面如图 1 所示。

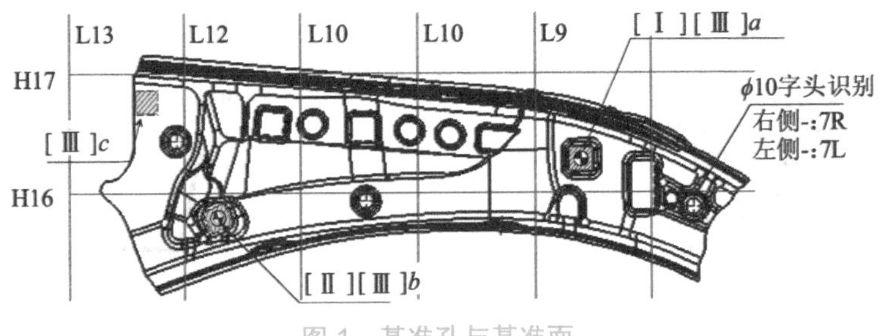

图 1　基准孔与基准面

图 6-1 中[Ⅰ][Ⅱ]为冲压件基准孔，[Ⅲ]为基准面。RH-: 7R、LH-: 7L 表示在此位置有刻印，右件上面刻印 7R，左件上面刻印 7L。

基准孔作为工件在检具上的定位孔。基准面作为工件在检具上的接触面。

2. 工件的安装与检测方法

（1）使基准销压环在夹手的作用下压紧工件，将圆形锥销 G 插入工件基准孔定位，如图 2 所示。

（2）使基准销压环在夹手的作用下压紧工件，将菱形锥销 G 插入工工件基准孔定位，如图 3 所示。

（3）将工件放在基准面上，用夹手压紧时要零间隙，如图 4 所示。

（4）面位置检测从 3 mm 间隙为基准（公差以检查法为准），外形检测以外形 3 mm 刻线为基准（公差以检查法为准），如图 5 所示。

(5)测深销面位置检测以 3 mm 间隙为基准(公差以检查法为准),如图 6 所示。

(6)检测销检测孔(公差以检查法为准),如图 7 所示。

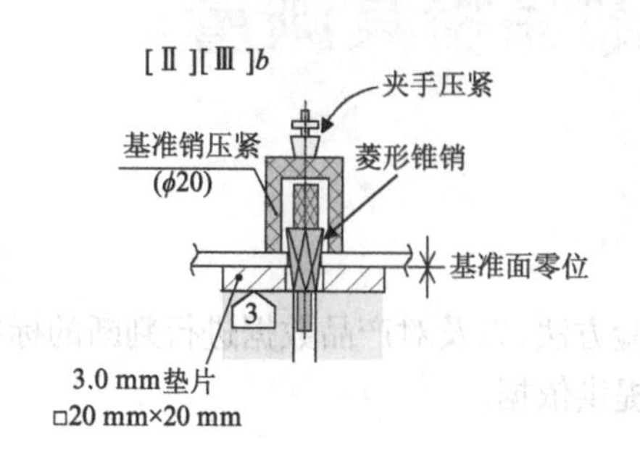

图 2 工件安装 1

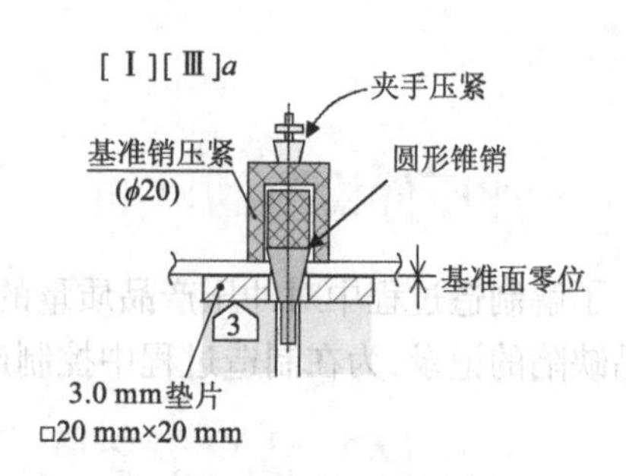

图 3 工件安装 2

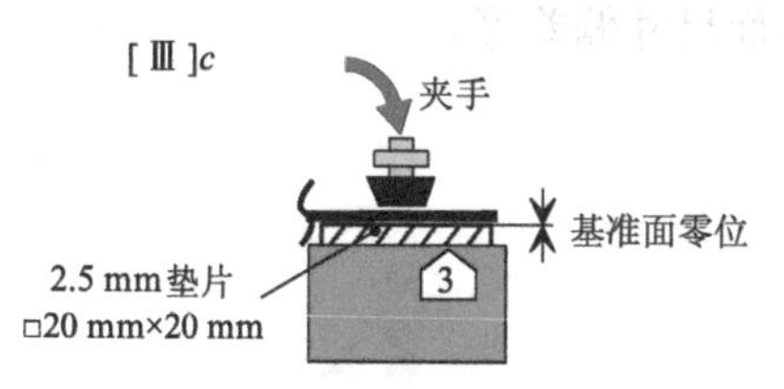

图 4 基准面压紧

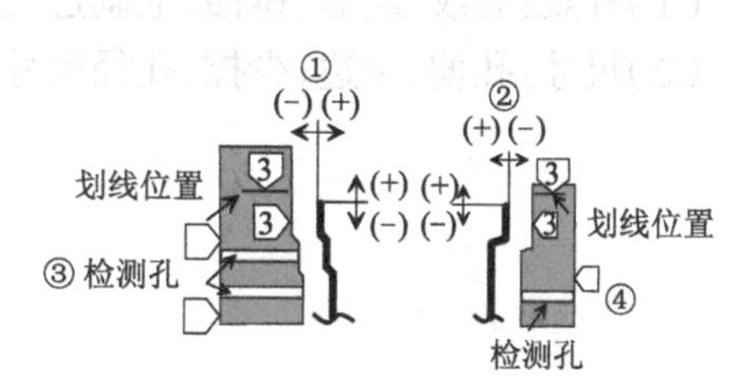

图 5 间隙检测

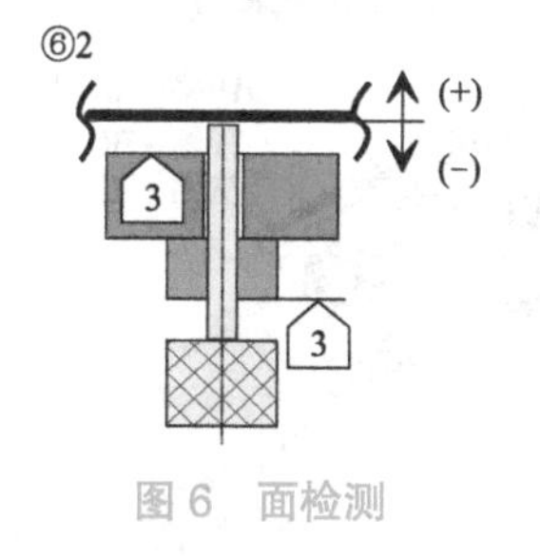

图 6 面检测

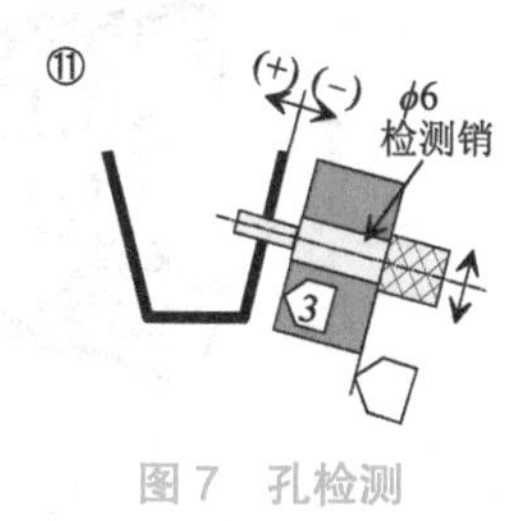

图 7 孔检测

四、检具的制作

检具的设计要参照零件数模及检查法分析工件,初步拟订设计方案,以确定检具的基准面、基准孔、凹凸情况、检测孔、检测面位置绘制检具图纸。检具的设计必须满足检查法的检测要求。

1. 检具图纸

检具如图 8 所示。

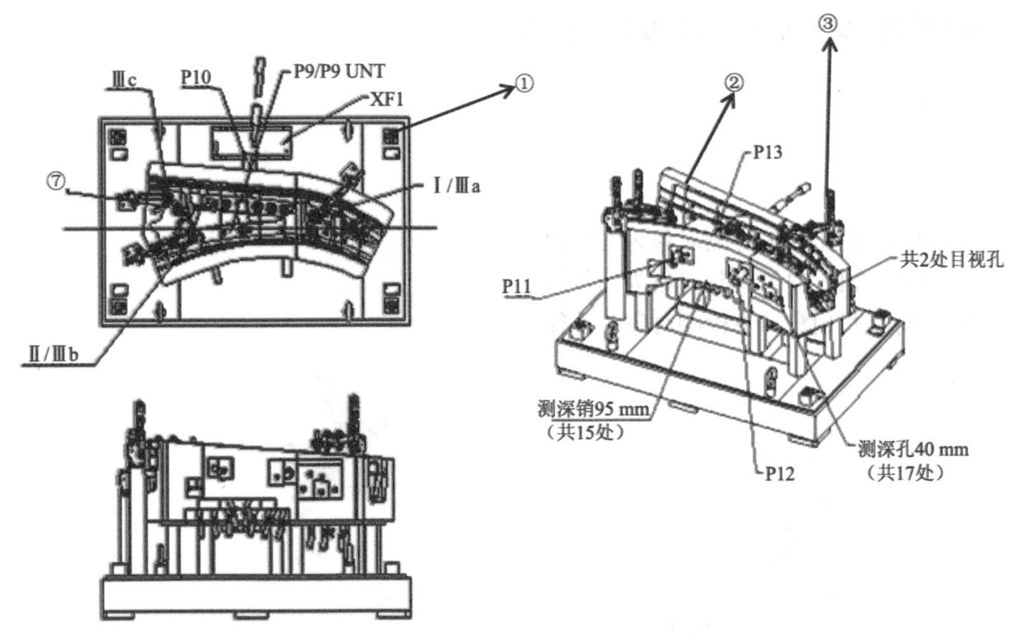

图 8　检具

①—检具基准孔（即检具制作后，三坐标测量机检验检具时的基准定位孔）；
②—3 mm 刻线与工件轮廓线（3 mm 轮廓线是工件外形测量的基准线）；③—夹手；

图 8 中的 P9~P13 为检测孔位置，检测时需按检测销标识号对应检具。

2. 检具主要零件图纸

检具主要零件如图 9 至图 12 所示。

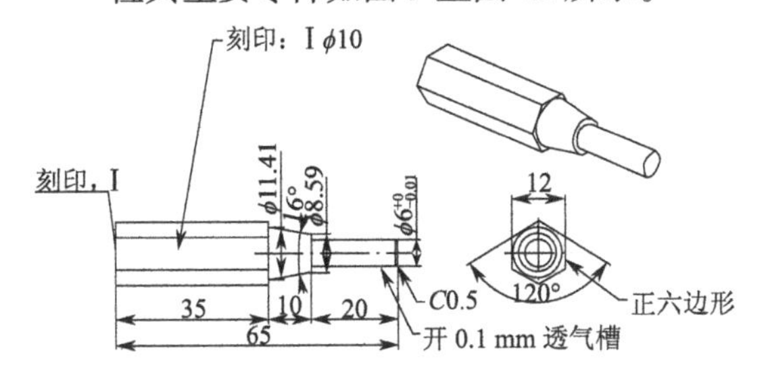

图 9　圆形锥销（基准销Ⅰ）(mm)

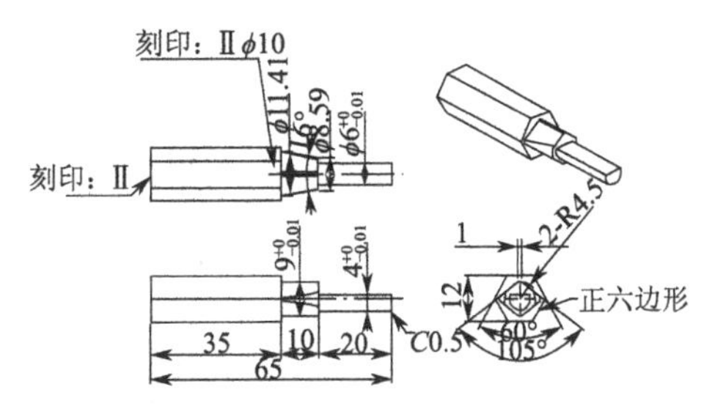

图 10　菱形锥销（基准销Ⅱ）(mm)

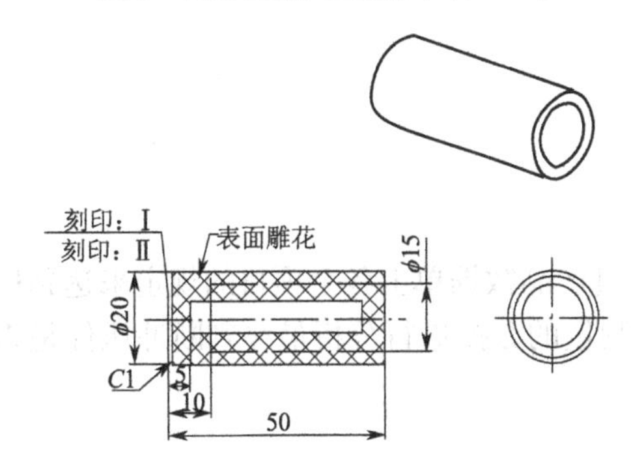

图 11　基准销压环套在基准销Ⅰ、Ⅱ上(mm)

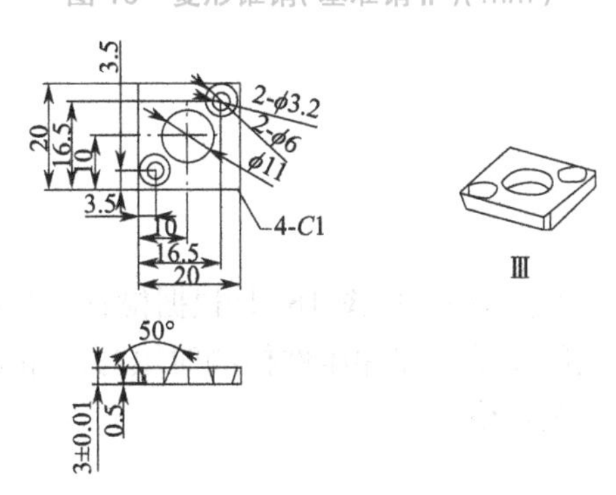

图 12　基准零贴片(mm)

以上检具主要零件的组合参考图 2 和图 3。

四、轮罩冲压件部品检具测量

1. 检测工具

(1)间隙尺(图 13):检测对象为面间隙。
(2)钢板尺(图 13):检测对象为面位置。
(3)游标卡尺(图 14):检测对象为孔径。

图 13 间隙尺、钢板尺

图 14 游标卡尺

2. 检测流程

检测流程如图 15 所示。

冲压件 ➡ 外观 ➡ 质量 ➡ 板厚 ➡ 基准孔测量
⬇
检具检查
⬇
冲压件装配于检具
⬇
基准孔定位销插入(不压紧)
⬇
测量基准面 Ⅲ
⬇
安装基准销压环夹手压紧
⬇
按产品数据单顺序检测并填写测量数据
⬇
产品数据分析

图 15 检测流程

3. 产品数据单

产品数据单(图 16)是根据检查法制定的,通过产品数据单上各个项目的规定来达到检查法的要求。在冲压件检测时填写产品数据单,测量的数据进行分析最终判断冲压件是否合格及合格率。

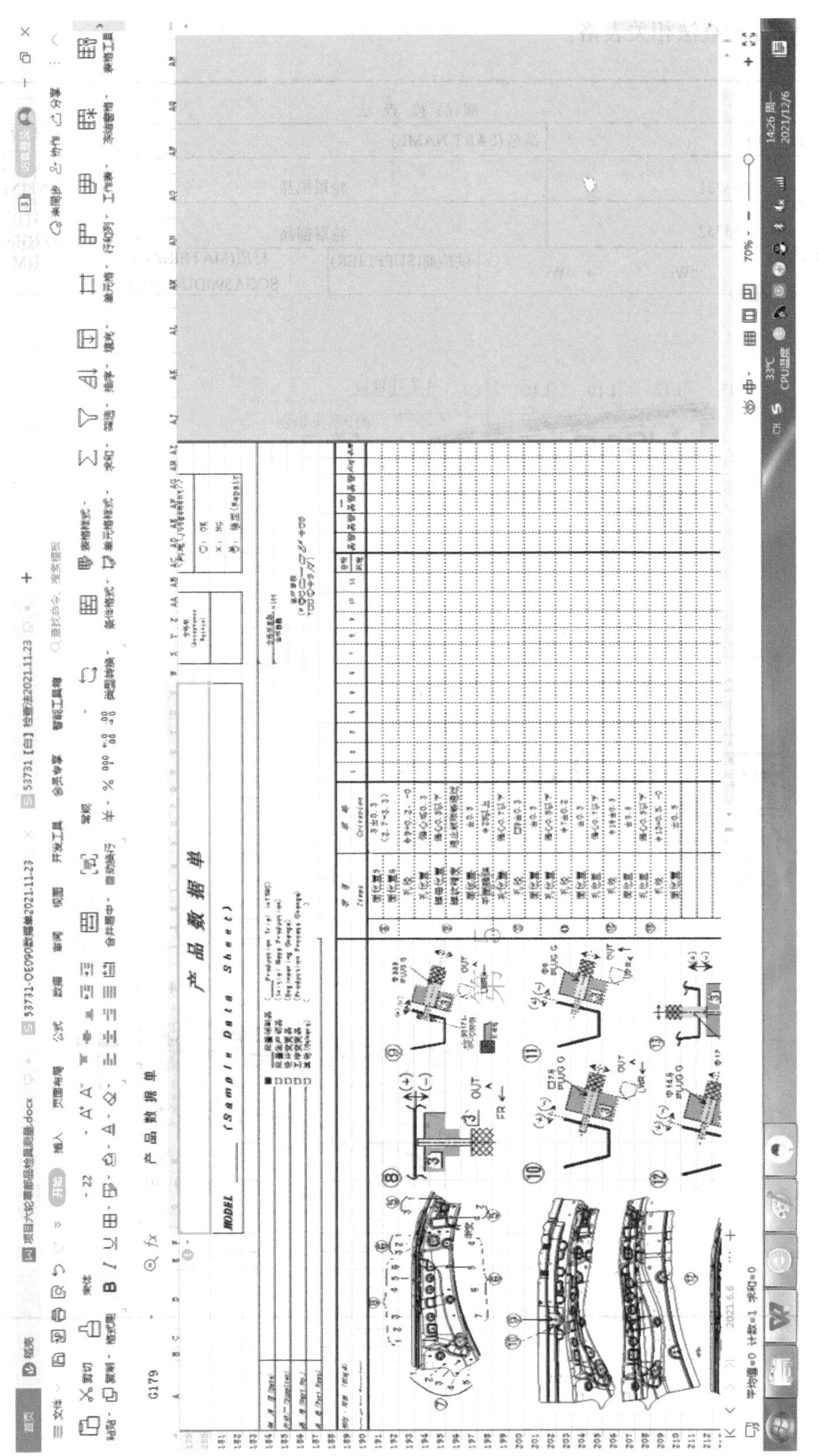

图 16 产品数据单

附:部品检查法相关表格。

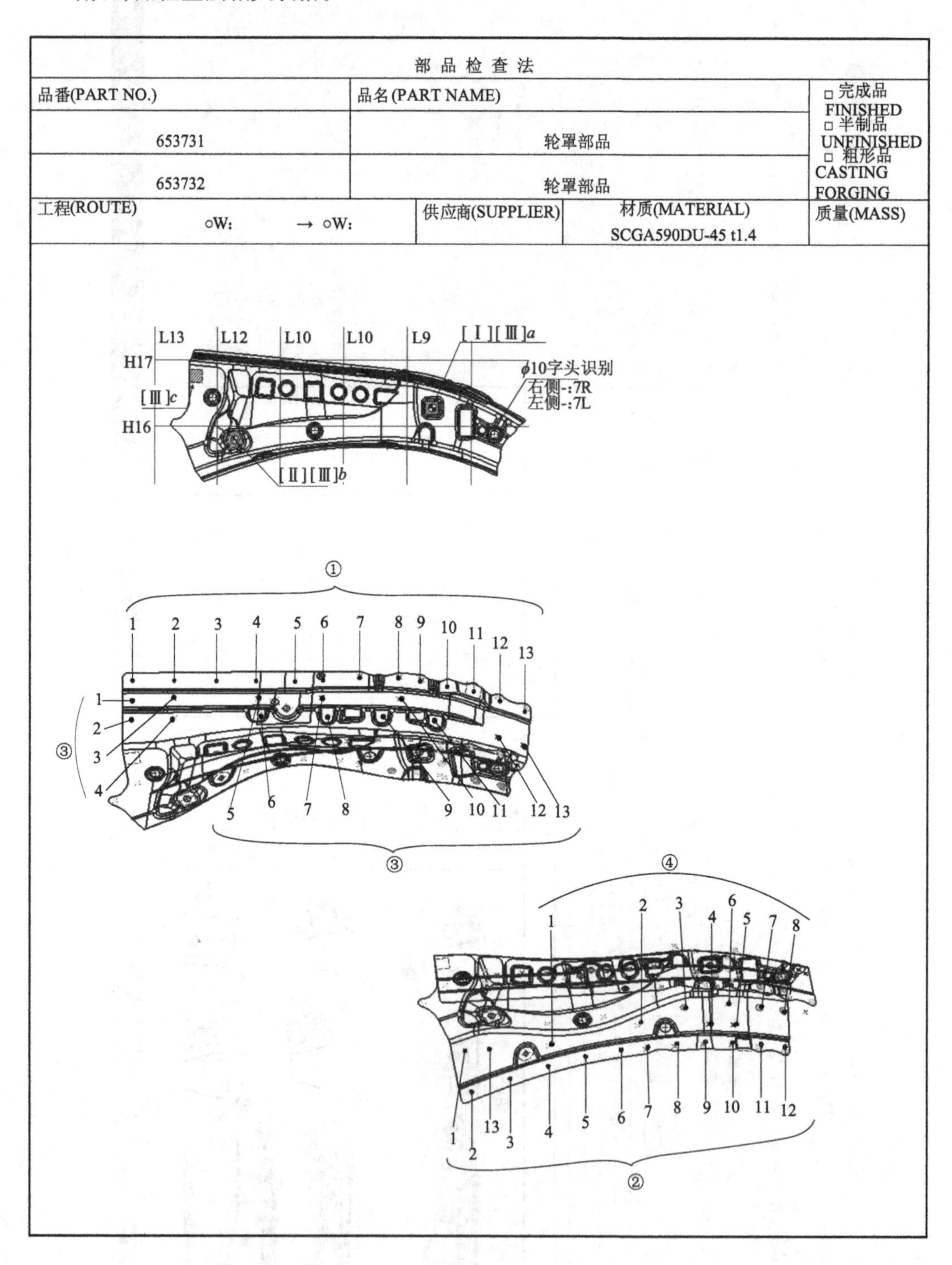

部品检查法				
品番(PART NO.)	品名(PART NAME)			□完成品 FINISHED □半制品 UNFINISHED □粗形品 CASTING FORGING
653731	轮罩部品			
653732	轮罩部品			
工程(ROUTE) ○W: → ○W:	供应商(SUPPLIER)	材质(MATERIAL) SCGA590DU-45 t1.4		质量(MASS)

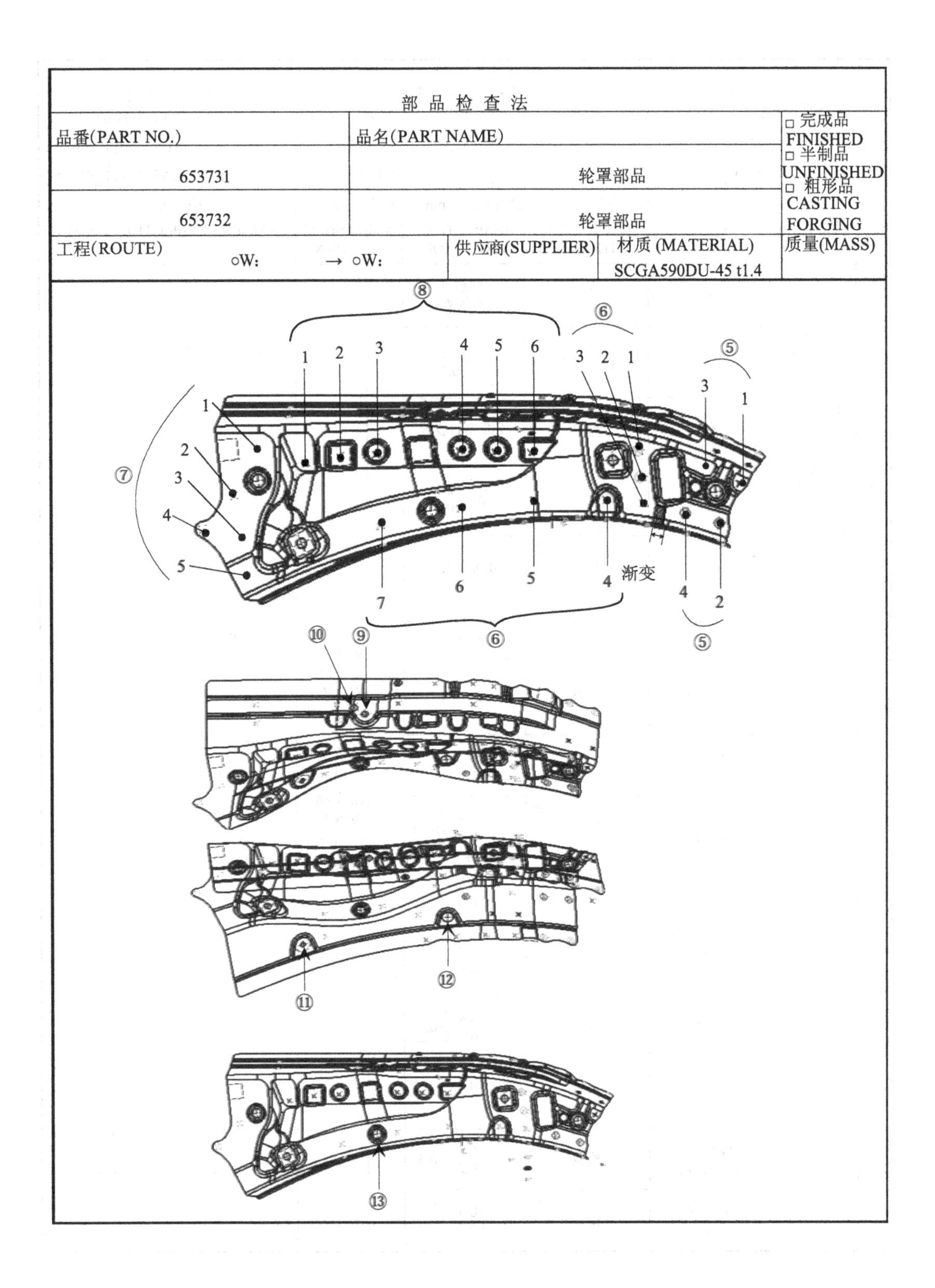

部品检查法

品番(PART NO.)	品名(PART NAME)			□ 完成品 FINISHED □ 半制品 UNFINISHED □ 粗形品 CASTING FORGING
653731	轮罩部品			
653732	轮罩部品			
工程(ROUTE) ○W: → ○W:	供应商(SUPPLIER)	材质 (MATERIAL) SCGA590DU-45 t1.4		质量(MASS)

<table>
<tr><td colspan="8">部 品 检 查 法</td></tr>
<tr><td colspan="3">品番（PART NO.）</td><td colspan="4">品名（PART NAME）</td><td rowspan="3">□ 完成品
FINISHED
□ 半制品
UNFINISHED
□ 粗形品
CASTING FORGING</td></tr>
<tr><td colspan="3">653731</td><td colspan="4">轮罩部品</td></tr>
<tr><td colspan="3">653732</td><td colspan="4">轮罩部品</td></tr>
<tr><td colspan="3">检查项目
INSPECTION ITEM</td><td>检查工具
INSPECTION INSTRUMENT</td><td>检查规格（mm）
INSPECTION CRITERION</td><td>等级
RANK</td><td>选取方式
SAMPLING PLAN</td><td>检查方法
REMARKS INSPECTION METHOD</td></tr>
<tr><td rowspan="7">基准</td><td rowspan="2">[Ⅰ]
○W
基准孔</td><td>孔</td><td>检具 ※</td><td>圆锥销
G放置</td><td rowspan="15">c</td><td rowspan="15">※部位每个班次的第一件，要求不合格数为0（自检）。品管抽查检查3件不合格为0</td><td rowspan="15">[Ⅰ][Ⅲ]a
夹手压紧
基准销压紧（$\phi20$）
圆形锥销
基准面零位
3
3.0 mm 垫片
□20 mm×20 mm

[Ⅱ][Ⅲ]b
夹手压紧
基准销压紧（$\phi20$）
菱形锥销
基准面零位
3
3.0 mm 垫片
□20 mm×20 mm

[Ⅲ]c
夹手
基准面零位
2.5 mm 垫片
□20 mm×20 mm
3

①
(−) (+)
②
(+) (−)
划线位置
(+) (+)
(−) (−)
③ 检测孔
划线位置
④
检测孔</td></tr>
<tr><td>孔径</td><td>游标卡尺</td><td>$\phi10^{+0.1}_{-0.1}$</td></tr>
<tr><td rowspan="2">[Ⅱ]
○W
基准孔</td><td>孔</td><td>检具 ※</td><td>凌锥销G放置</td></tr>
<tr><td>孔径</td><td>游标卡尺</td><td>$\phi10^{+0.1}_{-0.1}$</td></tr>
<tr><td rowspan="3">[Ⅲ]
基准面</td><td>面</td><td>检具 ※</td><td>0间隙压紧</td></tr>
<tr><td>面隙</td><td>检具</td><td>打开时
0.3以下</td></tr>
<tr><td>平面确保</td><td>检具</td><td>□20以上</td></tr>
<tr><td rowspan="8">尺寸</td><td rowspan="3">①</td><td>面位置
1～11</td><td>检具 ※</td><td>+0.5
−0.5</td></tr>
<tr><td>面位置
12.13</td><td>检具 ※</td><td>+0.6
−0 [+0.3]</td></tr>
<tr><td>外形</td><td>检具</td><td>+0.7
−0.7</td></tr>
<tr><td rowspan="3">②</td><td>面位置
1～10</td><td>检具 ※</td><td>+0.5
−0.5</td></tr>
<tr><td>面位置
11、12</td><td>检具 ※</td><td>+0.6
−0 [+0.3]</td></tr>
<tr><td>外形</td><td>检具</td><td>+0.7
−0.7</td></tr>
<tr><td rowspan="2">③</td><td>面位置
8、9、11</td><td>检具 ※</td><td>+0.8
−0.2 [+0.3]</td></tr>
<tr><td>面位置
1</td><td>检具 ※</td><td>+0.3
−0.3</td></tr>
</table>

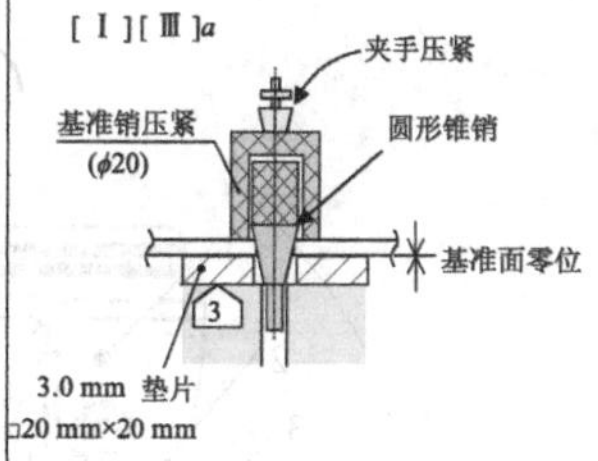

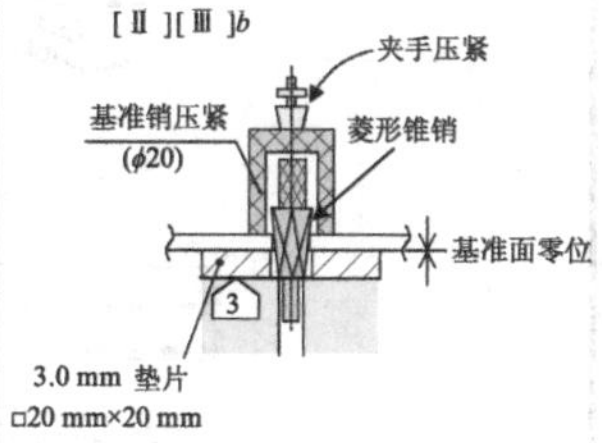

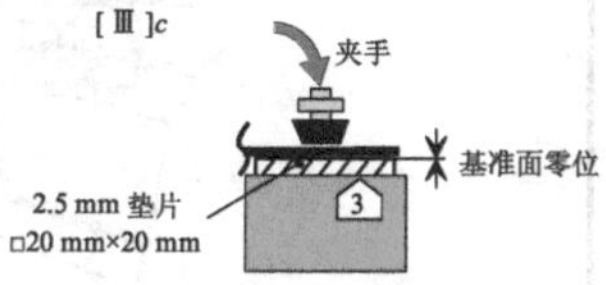

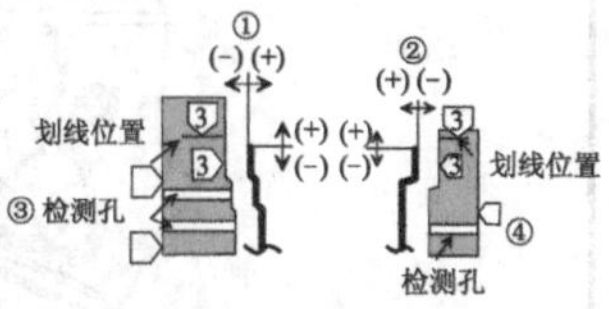

部品检查法							
品番（PART NO.）			品名（PART NAME）				□ 完成品 FINISHED □ 半制品 UNFINISHED □ 粗形品 CASTING FORGING
653731			轮罩部品				
653732			轮罩部品				
检查项目 INSPECTION ITEM			检查工具 INSPECTION INSTRUMENT	检查规格(mm) INSPECTION CRITERION	等级 RANK	选取方式 SAMPLING PLAN	检查方法 REMARKS INSPECTION METHOD
尺寸	③	面位置 其他 2~7,10,12,13	检具 ※	+0.5 -0.5	c	※部位每个班次的第一件，要求不合格数为0（自检）。品管抽查检查3件不合格为0	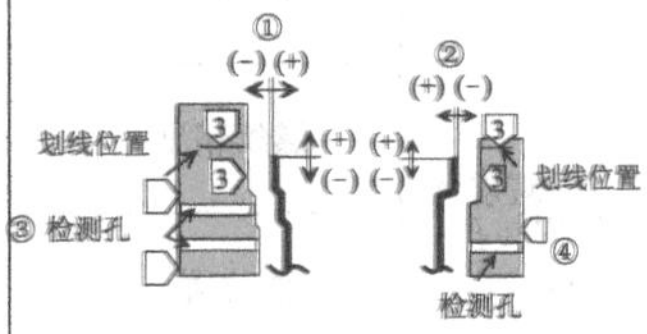 ① (-) (+) ② (+) (-) 划线位置 ③ 检测孔 ④ 检测孔
		外形 1，2	检具	+0.7 -0.7			
	④	面位置 1～6	检具 ※	+0.5 -0.5 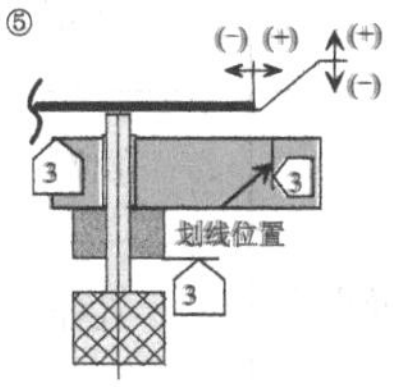			⑤ (-) (+) (+) (-) 划线位置
		面位置 7、8	检具 ※	+0.3 -0.3			
		外形 8	检具	+0.7 -0.7 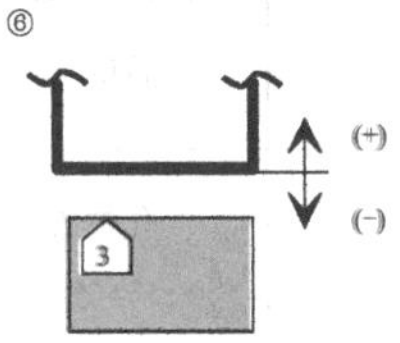			⑥ (+) (-)
	⑤	面位置 1~4	检具 ※	+0.6 -0 [+0.3]			
		外形 1、2	检具	+0.7 -0.7			⑥2 (+) (-)
	⑥	面位置 1～4	检具 ※	+0.3 -0.3			
		面位置 5～7	检具	+0.5 -0.5			
	⑦	面位置 1～4	检具 ※	+0 -1.0 [-0.5] 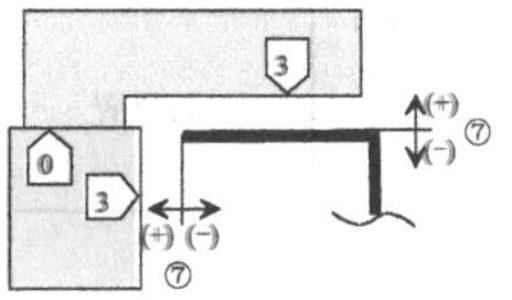			(+) (-) ⑦ (+) (-) ⑦
		面位置 5	检具	+0.5 -0.5			
		外形 2、4	检具	+0.7 -0.7			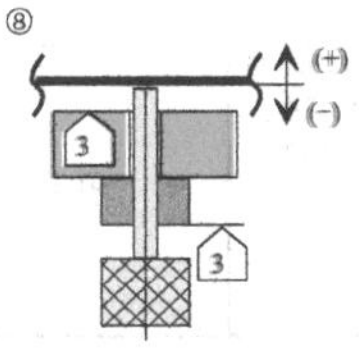 ⑧ (+) (-)
	⑧	面位置 1~6	检具 ※	+0.3 -0.3			

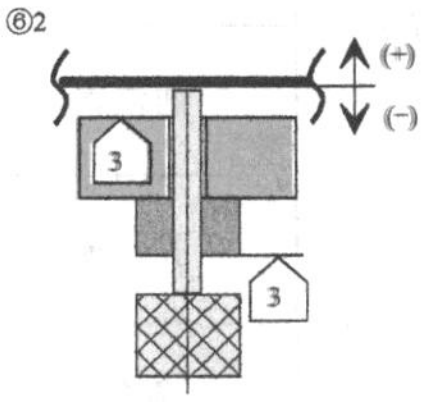

部品检查法							
品番（PART NO.）			品名（PART NAME）				□ 完成品 FINISHED □ 半制品 UNFINISHED □ 粗形品 CASTING FORGING
653731			轮罩部品				
653732			轮罩部品				
检查项目 INSPECTION ITEM			检查工具 INSPECTION INSTRUMENT	检查规格（mm） INSPECTION CRITERION	等级 RANK	选取方式 SAMPLING PLAN	检查方法 REMARKS INSPECTION METHOD
尺寸	⑨减震器安装孔（1个孔）	螺母位置	检具 ※	偏心0.5以下	一般管理	※部位每个班次的第一件，要求不合格数为0（自检）。品管抽查检查3件不合格为0	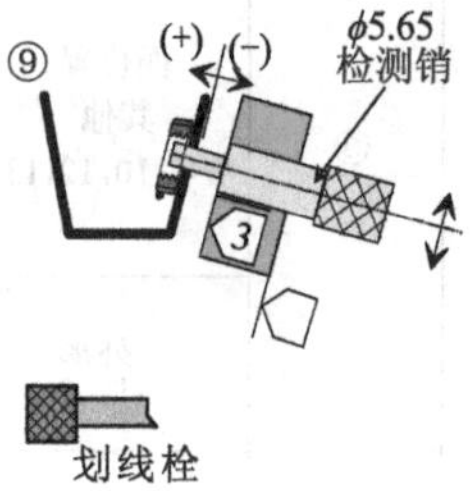 ⑨ (+) (-) ϕ5.65 检测销 3
		螺纹精度	螺纹精度栓 M8×1.25	顺畅通过			
		面位置	检具	$^{+0.5}_{-0.5}$			
		平面度	钢尺	ϕ25以上			划线栓
	⑩减震器固定孔（1个孔）	孔位置	检具 ※	偏心0.7以下			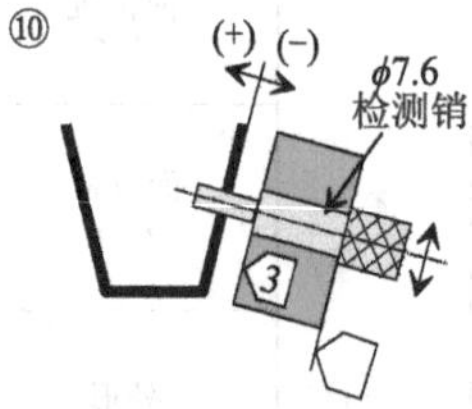 ⑩ (+) (-) ϕ7.6 检测销 3
		孔径	游标卡尺	□$9^{+0.3}_{-0.3}$			
		面位置	检具	$^{+0.5}_{-0.5}$			
	⑪挡泥板安装孔（1个孔）	孔位置	检具 ※	偏心0.5以下			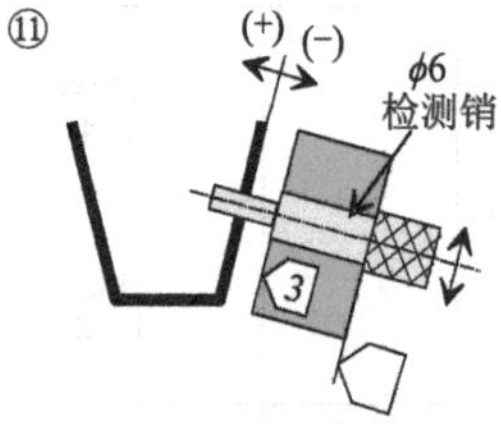 ⑪ (+) (-) ϕ6 检测销 3
		孔径	游标卡尺	$\phi 7^{+0.2}_{-0.2}$			
		面位置	检具	$^{+0.5}_{-0.5}$			
	⑫涂蜡孔（1个孔）	孔位置	检具 ※	偏心0.7以下			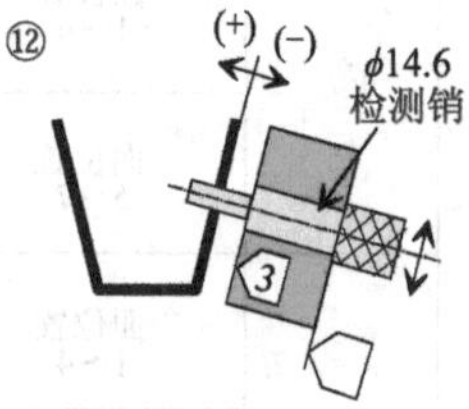 ⑫ (+) (-) ϕ14.6 检测销 3
		孔径	游标卡尺	$\phi 16^{+0.3}_{-0.3}$			
		面位置	检具	$^{+0.5}_{-0.5}$			
	⑬○W基准逃避孔（1个孔）	孔位置	检具 ※	偏心0.5以下			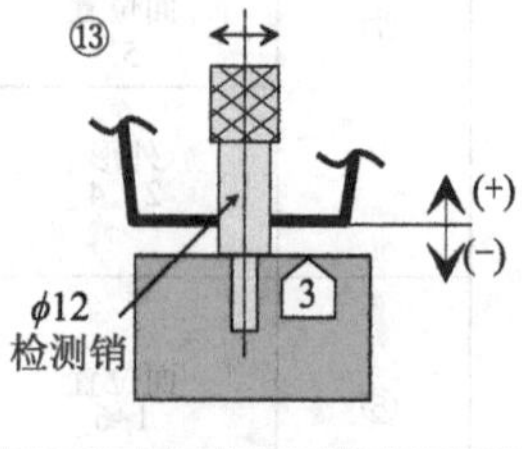 ⑬ (+) (-) ϕ12 检测销 3
		孔径	游标卡尺	$\phi 13^{+0.5}_{-0}$			

产品数据单

MODEL ______ (Sample Data Sheet)

合格率 (Acceptance Ratio)

<判定(Judgement)>
○: OK
×: NG
⊗: 修正(Repair)

年 月 日(Date)	
外协厂(Supplier)	
品 号(Part No.)	
品 名(Part Name)	

■ ____批量试制品 (____Production Trial in TTMC)
□ 批量生产初品 (Initial Mass Production)
□ 设计变更品 (Engineering Change)
□ 工序变更品 (Production Process Change)
□ 其他(Others) ( )

合格项目数 / 全项 目数 ×100

生产手段 (Production Tooling)
■ 正规 (Permanent)
□ 暂定 (Temporary)

部位·简图(测定点)
Portion with Sketch (Measuring Points)

L13 L12 L10 L10 L9 [I][Ⅲ]a
H17
[Ⅲ]c
H16
ϕ10字头识别
右侧-:7R
左侧-:7L
[Ⅱ][Ⅲ]b

[I][Ⅲ]a
夹手压紧
基准销压紧 (ϕ20)
圆形锥销
基准面零位
3.0 mm垫片 □20 mm×20 mm

[Ⅱ][Ⅲ]b
夹手压紧
基准销压紧 (ϕ20)
菱形锥销
基准面零位
[Ⅲ]c
3.0 mm垫片 □20 mm×20 mm

夹手
基准面零位
2.5 mm垫片 □20 mm×20 mm

① ③
1 2 3 4 5 6 7 8 9 10 11 12 13
划线位置
③ 检测孔
① (−) (+)
(+) (−)
② (+) (−)
划线位置
④
检测孔

	项目 Items	规格 Criterion	1	2	3	4	5	6	7	8	9	10	11	自检判定	品管	品管	品管	品管	判定	备用
	外观	裂、伤、锈等不可																		
	标识	7R																		
	环境负荷物质	符合TSZ0001G																		
	质量	(1 526±70)g																		
	板厚	t1.4 mm																		
	剥离扭力（破坏检查）	49 N·m 以上																		
	焊接强度（破坏检查）	达到螺母凸起数50%以上																		
	焊接强度（非破坏检查）	敲击两次不可开焊																		
Ⅰ	基准孔径	ϕ(10±0.1)mm																		
	基准孔	锥形销																		
Ⅱ	基准孔径	ϕ(10±0.1)mm																		
	基准孔	锥形菱形销																		
Ⅲ	面a	夹紧0间隙																		
	面b																			
	面c																			
	面间隙a	0.3 mm以下																		
	面间隙b																			
	面间隙c																			
	平面确保a	□20 mm以上																		
	平面确保b																			
	平面确保c																			
①	面位置1	$3^{+0.6}_{-0}$ mm																		
	面位置2																			
	面位置3																			
	面位置4	3.0~3.6 mm																		
	面位置5	(3±0.5)mm																		
	面位置6																			
	面位置7																			
	面位置8																			
	面位置9																			

产品数据单

MODEL ____ (Sample Data Sheet)

合格率 (Acceptance Ratio)

<判定(Judgement)>

○: OK
×: NG
⊗: 修正(Repair)

年 月 日(Date)	
外协厂(Supplier)	
品 号(Part No.)	
品 名(Part Name)	

■ ____批量试制品 (____Production Trial in TTMC)
□ 批量生产初品 (Initial Mass Production)
□ 设计变更品 (Engineering Change)
□ 工序变更品 (Production Process Change)
□ 其他(Others) (　　　　)

合格项目数 / 全项目数 ×100

生产手段 (Production Tooling)
■ 正规 (Permanent)
□ 暂定 (Temporary)

部位·简图 (测定点) Portion with Sketch (Measuring Points)

划线位置
检测孔

	项目 Items	规格(mm) Criterion	1	2	3	4	5	6	7	8	9	10	11	自检判定	品管	品管	一品管	品管	判定	备用
①	面位置10	3±0.5																		
	面位置11																			
	面位置12	$3^{+0.6}_{-0}$																		
	面位置13																			
	外形1	3±0.7																		
	外形2																			
	外形3																			
	外形4																			
	外形5																			
	外形6																			
	外形7																			
	外形8																			
	外形9																			
	外形10																			
	外形11																			
	外形12																			
	外形13																			
②	面位置1	$3^{+0.6}_{-0}$																		
	面位置2																			
	面位置3	3.0~3.6																		
	面位置4	3±0.5																		
	面位置5																			
	面位置6																			
	面位置7																			
	面位置8																			
	面位置9																			
	面位置10																			
	面位置11	$3^{+0.6}_{-0}$																		
	面位置12																			

产品数据单

MODEL ____ (Sample Data Sheet)

合格率 (Acceptance Ratio)

<判定(Judgement)>

○：OK

×：NG

⊗：修正(Repair)

年　月　日(Date)	
外协厂(Supplier)	
品　号(Part No.)	
品　名(Part Name)	

■ ____批量试制品 (____Production Trial in TTMC)

□ 批量生产初品 (Initial Mass Production)

□ 设计变更品 (Engineering Change)

□ 工序变更品 (Production Process Change)

□ 其他(Others) (　　　)

$\frac{合格项目数}{全项目数}\times 100$

生产手段 (Production Tooling)

■ 正规 (Permanent)

□ 暂定 (Temporary)

部位・简图 (测定点) Portion with Sketch (Measuring Points)

	项目 Items	规格(mm) Criterion	1	2	3	4	5	6	7	8	9	10	11	自检判定	品管	品管	品管	品管	判定	备用
②	外形1	3±0.7																		
	外形2																			
	外形3																			
	外形4																			
	外形5																			
	外形6																			
	外形7																			
	外形8																			
	外形9																			
	外形10																			
	外形11																			
	外形12																			
③	面位置1	3±0.3																		
	面位置2	±0.5																		
	面位置3																			
	面位置4																			
	面位置5																			
	面位置6																			
	面位置7																			
	面位置8	+0.8 -0.2																		
	面位置9																			
	面位置10	±0.5																		
	面位置11	+0.8 -0.2																		
	面位置12	±0.5																		
	面位置13																			
	外形1	3±0.7																		
	外形2																			
	外形13																			
④	面位置1	±0.5																		
	面位置2																			
	面位置3																			
	面位置4																			
	面位置5																			

产品数据单

MODEL ____ (Sample Data Sheet)

合格率 (Acceptance Ratio)

<判定(Judgement)>
○: OK
×: NG
⊗: 修正(Repair)

年 月 日(Date)	
外协厂(Supplier)	
品 号(Part No.)	
品 名(Part Name)	

■ ____批量试制品 (____Production Trial in TTMC)
□ 批量生产初品 (Initial Mass Production)
□ 设计变更品 (Engineering Change)
□ 工序变更品 (Production Process Change)
□ 其他(Others) ( )

合格项目数 / 全项 目数 ×100

生产手段 (Production Tooling)
■ 正规 (Permanent)
□ 暂定 (Temporary)

部位·简图 (测定点) Portion with Sketch (Measuring Points)

④ ② ⑧ ⑥ ⑤ ⑦ ① ③ 划线位置 ③检测孔 划线位置 检测孔 ④ 渐变 (+) (-)

	项目 Items	规格(mm) Criterion	1	2	3	4	5	6	7	8	9	10	11	自检判定	品管	品管	品管	品管	判定	备用
④	面位置6	±0.5																		
	面位置7	±0.3																		
	面位置8																			
	外形8	3±0.7																		
⑤	面位置1	$^{+0.6}_{-0}$																		
	面位置2																			
	面位置3																			
	面位置4																			
	外形1	3±0.7																		
	外形2																			
⑥	面位置1	3±0.3 2.7~3.3																		
	面位置2																			
	面位置3																			
	面位置4																			
	面位置5	3±0.5 2.5~3.5																		
	面位置6																			
	面位置7																			
⑦	面位置1	$0^{+0}_{-1.0}$																		
	面位置2																			
	面位置3																			
	面位置4																			
	面位置5	0±0.5																		
	外形2	3±0.7																		
	外形4																			
	外形5																			
⑧	面位置1	3±0.3 2.7~3.3																		
	面位置2																			
	面位置3																			
	面位置4																			

产品数据单

MODEL ______（Sample Data Sheet）

合格率 (Acceptance Raitio)

<判定(Judgement)>
○: OK
×: NG
⊗: 修正(Repair)

年　月　日(Date)	
外协厂(Supplier)	
品　号(Part No.)	
品　名(Part Name)	

■ ____批量试制品 (____Production Trial in TTMC)
□ 批量生产初品 (Initial Mass Production)
□ 设计变更品 (Engineering Change)
□ 工序变更品 (Production Process Change)
□ 其他(Others) (　　　　)

合格项目数 / 全项　目数 ×100

生产手段 (Production Tooling)
■ 正规 (Permanent)
□ 暂定 (Temporary)

部位·简图（测定点）
Portion with Sketch (Measuring Points)

ϕ5.65 检测销
划线栓
ϕ7.6 检测销
ϕ6 检测销
ϕ14.6 检测销
ϕ12 检测销

	项目 Items	规格(mm) Criterion	1	2	3	4	5	6	7	8	9	10	11	自检判定	品管	品管	品管	品管	判定	备用
⑧	面位置5	3±0.3																		
	面位置6	2.7~3.3																		
⑨	孔径	$\phi 9^{+0.2}_{-0}$																		
	孔位置	偏心≤0.3																		
	螺母位置	偏心0.5以下																		
	螺纹精度	通止规顺畅通过																		
	面位置	±0.5																		
	平面确保	ϕ25 以上																		
⑩	孔位置	偏心0.7以下																		
	孔径	□（9±0.3）																		
	面位置	±0.5																		
⑪	孔位置	偏心0.5以下																		
	孔径	ϕ（7±0.2）																		
	面位置	±0.5																		
⑫	孔位置	偏心0.7以下																		
	孔径	ϕ（16±0.3）																		
	面位置	±0.5																		
⑬	孔位置	偏心0.5以下																		
	孔径	$\phi 13^{+0.5}_{-0}$																		
	面位置	±0.5